KLHE helper

Über die Autoren

Christopher Klein und Jens Helbig zählen zu den bekanntesten Finanzbuchautoren Deutschlands. 2011-2013 verfassten sie ihre ersten beiden Werke: »Tag auf Tag im Hamsterrad« und sein Nachfolger »Der Hamster verlässt das Rad«. Später folgten weitere Titel: »Nine to five muss nicht sein!« (2017), »Einmal Dividende bitte!« (2017), »Die Faulbär-Strategie zur Million« (2017), »Mit Blockchain zum Krypto-Investor« (2018) sowie der Ratgeber zu nachhaltigen Geldanlagen »Ökoethinvesting« (2019). Einige der Werke wurden zu Amazon-Bestsellern und in prominenten Finanzmagazinen empfohlen (zum Beispiel in Focus-Money 05/2018, Bank & Umwelt 11/2018 oder Cryptoticker 11/2018).

Die Finanzliteratur von Christopher Klein und Jens Helbig unterscheidet sich grundlegend von anderen Werken. Während deutsche Finanzbücher in der Regel trostlos theoretisch oder langweilig neutral sind, ist die Motivation von Helbig und Klein der Gegenentwurf. In ihren Büchern erklären sie die wahren Probleme und Herausforderungen unserer Zeit in einfachen Worten und ergänzen diese mit eigenen Erfahrungen, praxisbezogenen Strategien und unmittelbar umsetzbaren Do-It-Yourself-Anleitungen. Ihr Motto: »Schluss mit langweiligen Finanzschinken!«.

Die Bücher von Klein und Helbig sind im Buchhandel erhältlich. Weitere Informationen unter: *www.klhe.de.* Die Autoren sind stets offen für Feedback und Rückfragen. Der interessierte Leser kann sie per E-Mail an *info@klhe.de* kontaktieren.

ERFOLGS HACKS

99 Erfolgsfaktoren und Gewohnheiten für Erfolg, Motivation und Lebensglück (mit Michael Jordan, Steve Jobs, Mahatma Gandhi & Co.)

1. Auflage

Von Jens M. Helbig & Christopher M. Klein

Bibliografische Information der Deutschen Nationalbibliothek
Die Deutsche Nationalbibliothek verzeichnet diese Publikation in der Deutschen Nationalbibliografie; detaillierte Daten sind im Internet abrufbar über:
http://dnb.dnb.de

Für Fragen und Anregungen:
info@klhe.de

Geheimnisse des Erfolgs
1. Auflage, Juni 2020

ein Imprint der GbR:
Christopher Klein & Jens Helbig
Hortensienstr. 26
40474 Düsseldorf

Buchsatz: Jens Helbig
Cover: Alexandra V.
Layout: Stefan Valerio Meister – *www.stefanvaleriomeister.de*
Lektorat & Korrektorat: Thilo Baum
ISBN-13: 978-3-947061-91-4

Weitere Informationen findest Du hier:
www.klhe.de

Dein Bonus zum Buch

Praxisrelevanz steht in unseren Büchern immer an erster Stelle. Statt langweiliger Theorie erhältst Du von uns praxisorientierte Do-It-Yourself-Strategien, die wir selbst getestet und konzipiert haben und daher mit Überzeugung und guten Gewissens an Dich weitergeben können.

Da uns Deine Entwicklung am Herzen liegt, haben wir jede Menge Bonusmaterial und praktische Tools auf Lager, um Dein finanzielles Wissen auszubauen. Trage Dich unbedingt für unsere kostenlosen Finanz-Updates ein. Neben praktischem Download-Material und tollen Angeboten und Aktionen, erhältst Du etwa einmal pro Woche wichtige Tipps und spannende Praxis-Anleitungen für Deine zeitliche und finanzielle Freiheit – kostenlos.

Trage Dich jetzt unter folgendem Link ein:

www.klhe.de/finance/bonus

Presse- und Kundenstimmen

„Chris und Jens sind unglaublich: Sie bringen die wesentlichen Erfolgsgeheimnisse zahlreicher Vorbilder kompakt auf den Punkt. Und sie verweisen stets auf die Quelle."
Thilo Baum, Experte für klare Kommunikation

„Super Buch das einen wach rüttelt, um sein Leben mit allen Konsequenzen in die Hand zu nehmen."
Rosa M

„Das Buch enthält wirklich viele super gute Tipps, die sofort umsetzbar sind. [...] wertvolles Buch mit viel Wissen und interessanten Aspekten von vielen erfolgreichen Persönlichkeiten, [...] ein Lesegenuss und hat mir persönlich viele neue Einsichten vermittelt. Herzlichen Dank an die Autoren für dieses nützliche Werk, das ich jeden Tag gerne zur Hand nehme."
ElliQ

„Ein altes Motto lautet: "Wenn du etwas nicht kannst, dann frage jemanden der es bereits kann!" Dieses Buch zeigt eindrucksvoll, kurz und prägnant die elementaren Erfolgsformeln zahlreicher erfolgreicher Menschen, die für Jedermann einfach umzusetzen sind. Man muss es nur TUN!"
Andreas Höhne

„99 zeitlose Tipps und Tricks: Dieses Buch ist wirklich klasse. Für mich ist es mittlerweile zu meinem ständigen Begleiter geworden. Schließlich kann ich darin immer wieder nachsehen, wenn ich gerade eine etwas schwierigere private, berufliche oder finanzielle Phase durchmache und entdecke immer wieder Wege und Ansätze, die mich wieder zurück auf die richtigen Gleise setzen. Ich schlage es manachmal auch einfach so an einer willkürlichen Stelle auf und mache den jeweiligen Tipp zu meinem Tagesmotto." Kann wirklich jedem getrost dieses Buch weiterempfehlen. Stillstand ist Rückschritt!!"
Amazon Kunde

„Der Titel verspricht nicht zu viel - im Gegenteil! Da es bei mir im beruflichen Bereich nicht sonderlich lief, hatte ich mich nach Büchern in dieser Sparte umgesehen. Das vorliegende Buch war hier ein absoluter Glücksgriff! Jeder Tipp enthüllt eine weitere interessante und wichtige Sichtweise und ist in einen überaus durchdachten Gesamtzusammenhang eingebettet. In der Beschreibung heißt es: Ein Buch wie eine Bibel - dem kann ich nur zustimmen!"
Arti

„Dieses Buch hat mich wirklich umgehauen. Es ist das, worauf ich schon lange gewartet habe. Keiner der 99 Tipps ist überflüssig oder redundant. Ganz im Gegenteil, alle Tipps ergänzen sich hervorragend und sind für ein Leben in Wohlstand, Glück und Liebe unabdingbar. Insofern beide Daumen hoch für ein Werk, das jeder mal gelesen haben sollte."
Wiflos

*„Das Buch beginnt da, wo die Meisten ihre Suche beenden. Seit langem habe ich nach einem Büchlein gesucht, dass mir relevantes Fachwissen vermitteln würde, um mein Leben in verschiedenen Bereichen erfolgreicher zu gestalten. Doch nachdem ich das Buch durchgelesen hatte war mir klar, dass das nicht das einzige war, was ich gesucht habe. Mir fehlte es lange an Motivation und Inspiration. Das ist so wichtig, weil man sonst niemals anfängt und seinen A**** aus dem Sessel zu bewegen bzw. sich selbst immer wieder dieselben Ausreden liefert oder diese bei anderen sucht. [...] ich fühle schon jetzt, wie sich meine Einstellung ggü. mir selbst und anderen gewandelt hat."*
MK_1988

„Absolut lesenswert. Eine Mischung aus spirituellen Wahrheiten, Persönlichkeitsentwicklung und Marketingstrategien. Mir hat das Buch sehr gut gefallen. Ich konnte viele dieser Tipps nachvollziehen. Ich liebe Bücher mit Mehrwert! "
Katrin Müller

Unser Dank geht an unsere Familien und Freunde,
die uns stets ermutigt haben, an unseren
Träumen festzuhalten.

Inhaltsverzeichnis

Einleitung

Noch vor wenigen Jahren herrschte in unseren Leben gefühlt Stillstand. Wir beide waren sowohl unter der Woche als auch am Wochenende in unseren »Nine-to-five«-Jobs gefangen. Natürlich mischte sich unser Berufsleben auch in unser Privatleben. Es sah ganz danach aus, als würden wir unser finanzielles und zeitliches Hamsterrad nicht mehr verlassen.

Dieser Situation wurden wir uns bewusst. Uns wurde schnell klar, dass wir von den Besten lernen mussten, um unser Leben von Grund auf zu verändern und auf Erfolg »zu programmieren«. Welche Psychologie steckt hinter Erfolg? Und wie können wir seine Funktions-weise für uns nutzen? Wir begannen damit, die erfolgreichsten Men-schen unseres Planeten zu analysieren und das Geheimnis ihres Erfolgs zu ergründen. Dabei haben wir uns gefragt:

- Was machen diese Menschen, und was machen sie anders?
- Worin liegen die Geheimnisse ihres umwerfenden Erfolgs?
- Welche Gemeinsamkeiten erzeugen automatisch Erfolge in allen Lebensbereichen?

Im Rahmen unserer Recherchen entstand schließlich dieses Buch. Eine »Erfolgsbibel«, welche für jeden von uns in jeder Lebenslage mindestens eine umwälzende Antwort bereithält. Eine Antwort, die sich unmittelbar praktisch umsetzen lässt. Dieses Buch könnte somit zum kostbarsten Buch in Deinem Bücherregal werden, welches Du immer wieder für Dich nutzt. Es beinhaltet das komprimierte Wissen der erfolgreichsten Menschen aller Zeiten über Erfolg, Wohlstand und Glück.

Die Ergebnisse für uns waren mehr als beeindruckend – sie haben uns auf den Pfad gebracht, das Leben zu führen, von dem wir schon immer geträumt haben. Nicht nur konnten wir unsere »Nine-to-five«-Jobs an den Nagel hängen, sondern uns auch in unserem Herzensbereich profitabel selbstständig machen. Der berufliche Erfolg und die gewonnene Zeit wiederum beeinflussen positiv unser Privatleben.

Und das kannst Du auch! Jeder der Tipps könnte das fehlende Puzzleteil sein, das Dein Leben nachhaltig und positiv verändert.

Wir teilen mit dir die Geheimnisse des Erfolgs

Die Geheimnisse des Erfolgs werden wir in diesem Buch mit Dir teilen. Zentral war für uns die Frage, ob sich innerhalb dieser scheinbaren elitären Gemeinschaft Gemeinsamkeiten finden lassen, die erfolgreiche Menschen von weniger erfolgreichen unterscheiden. Denn die Erfolgreichsten der Erfolgreichen haben weder bereits von Geburt an besonders gute Voraussetzungen vorgefunden oder reiche und einflussreiche Eltern gehabt, noch sind sie mit einem extrem hohen Intelligenzquotienten ausgestattet. Das ergab bereits eine Studie von Lewis Terman im Jahre 1921, als er die sogenannten Termiten (Hochintelligente) und deren Lebenswege erforschte. Meistens haben es jene Menschen vom Tellerwäscher zum Millionär gebracht, von denen man es, zumindest auf dem Papier, niemals erwartet hätte!

Das soll Ansporn sein, nicht länger nach halbseidenen Entschuldigungen zu suchen, weshalb das Leben den eigenen Ansprüchen nicht genügt. Es gibt Geisteshaltungen, Methoden und Techniken, die den gemeinsamen Nenner aller extrem erfolgreichen Menschen bilden. Man muss sich dieser universalgültigen Geisteshaltungen, Methoden und Techniken einfach nur bedienen und diese umsetzen!

Bei der Recherche für dieses Buch haben wir uns – aufgrund unserer akademischen Vorgeschichte und unseres persönlichen Interessensschwerpunkts psychologischer und wirtschaftlicher Themen – vor allem auf die Bereiche der Persönlichkeitsentwicklung und des beruflichen sowie unternehmerischen Erfolgs sowie Wohlstands fokussiert. Nichtsdestotrotz sind die meisten Tipps auf alle Lebensbe-reiche übergreifend anwendbar, sodass eine exakte Zuordnung weder möglich noch notwendig ist. Bei allen zum Teil wirklich revolutionären Ideen, die Du in diesem Buch finden wirst, darfst Du jedoch nicht über die wichtigste Regel hinwegsehen:

Entscheidend ist die praktische Anwendung der in diesem Buch dargestellten Tipps!

Am besten kannst Du von dieser Lektüre profitieren, wenn Du sie mehrmals liest. Am besten Du liest mit einem Stift in der Hand und unterstreichst für Dich wichtige Informationen oder schreibst sie auf ein Blatt Papier. Markiere die Kapitel, die Dich besonders faszinieren und fesseln sowie jene, die Du nur ungern angehen willst. In beiden Bereichen liegt das größte Lernpotenzial für Dich verborgen.

Manche Ideen brauchen auch Zeit, bis sie sich in unserem Unterbewusstsein manifestieren, um dann in der richtigen Situation wieder hervorzukommen. Genau wie beim Sprachenlernen ist es daher vor allem wichtig, dass Du dranbleibst. Eine gute Möglichkeit dafür ist es, täglich morgens oder abends, ein Konzept erneut zu lesen und es sacken zu lassen.

Der theoretische Hintergrund ist allerdings nur die halbe Miete. Wende konsequent für 30 Tage lang jeden Tag einen für Dich besonders wichtigen Tipp praktisch an – und zwar den ganzen Tag! Gemäß dem Gesetz der Gewohnheit gilt: Je mehr Wiederholungen, umso schneller und umso leichter wirst Du das Ergebnis erreichen. Damit überträgst Du das in der Theorie Gelernte direkt in die Praxis. Nur so kannst Du schrittweise positive Resultate erzielen. Also: Kontinuierlicher Fortschritt und Wachstum sind die Grundpfeiler Deines Erfolgs!

Für Fragen stehen wir Dir gerne unter jh@klhe.de und ck@klhe.de zur Verfügung. Viel Erfolg und Spaß beim Lesen!

Jens M. Helbig & Christopher M. Klein

1.
Schluss mit den Entschuldigungen!

Es ist kein Zufall, dass dieser Tipp an erster Stelle steht. Häufig sind es nämlich unsere Ausreden uns selbst gegenüber, die uns die Motivation nehmen. Sie machen es uns ungemein schwer, Ziele zu erreichen und erfolgreich zu werden.

Diese Ausreden formulieren wir im Geiste als Entschuldigungen. Als Entschuldigungen dafür, dass wir dieses oder jenes momentan oder auch zukünftig eben nicht tun können oder dürfen. Eine Ausrede ist meistens schnell gefunden, sodass wir uns gar nicht erst aus unserer gemütlichen Komfortzone des Alltags zu bewegen brauchen. Wie praktisch! Doch diese Bequemlichkeitshaltung sabotiert Deinen Erfolg tagtäglich! Die Lösung? Sie klingt einfach:

Übernimm ab sofort die Verantwortung für Dein Leben!

Du hast Dein Leben, Dein Glück und Deinen Erfolg selbst in der Hand. Das ist Philosophen seit Urzeiten bekannt und heute auch in der Wissenschaft gängige Lehrmeinung. Man bekommt im Leben, was man sich selbst erarbeitet hat. Es ist eine einfache, jedoch goldene Grundregel:

Du musst Dir Deinen Erfolg selbst erschaffen!

Das geht allerdings nur, wenn Du Risiken eingehst und Deine Komfortzone ausweitest. Die sogenannte Komfortzone beschreibt den Bereich, in dem Du Dich sicher fühlst. So bequem sie auch sein mag, so sicher hindert sie Dich dennoch daran, Dich weiterzuentwickeln. Fortschritt und Wachstum gelingen Dir nur, indem Du auch und gera-de die vermeintlich unangenehmen Dinge tust und Verantwortung für Dich und Dein Leben übernimmst.

Das heißt auch, Entschuldigungen nicht länger im Außen zu suchen, meist bei andere Personen. Sondern es heißt, Dich, Dein Denken, Deine Taten und deren Auswirkungen zu betrachten und darin die Gründe für Dein Scheitern, Deine Unzufriedenheit oder andere negative Zustände zu erkennen. Die Ursache für unser bisheriges abträgliches Verhalten liegt in unserer Kindheit. Wenn wir früher etwas angestellt haben, mussten wir uns Ausreden und Lügen einfallen lassen, um nicht für unsere Ehrlichkeit bestraft zu werden. Diesen Habitus besitzen die meisten von uns noch heute und beschränken sich dadurch enorm.

Die Verantwortung für das eigene Leben zu übernehmen, ist somit der erste Schritt zum Erfolg. Schließlich impliziert diese Entscheidung, dass Du die Macht über Dein Leben nicht länger an Deine Umwelt abgibst, sondern selbst das Zepter übernimmst. Alle extrem erfolgreichen Menschen sind nur deshalb überaus erfolgreich gewor-den, weil sie diese Grundregel, ob bewusst oder unbewusst, beachtet haben.

Fang also noch heute damit an, die Verantwortung für Dich und Dein Leben – also für alles, was Dir widerfährt – zu übernehmen. Mach Schluss damit, andere dafür verantwortlich zu machen. Dieser Wandel in Deiner Geisteshaltung ist der erste Schritt zum Erfolg.

Barack Obama (US-Präsident)

2. Sei kein Teilzeit-Träumer!

Viele Menschen bilden sich ein, dass sie ein Ziel alleine durch Tagträumerei oder die Visualisierung ihres Traumzustandes verwirklichen könnten. Dieser überaus reizvollen Vorstellung folgen sie blind. Warum? Weil es so unglaublich einfach wäre! Statt eigene Anstrengungen zu unternehmen, müssten sie – wie Gini, der Flaschengeist – nur noch die Arme kreuzen und die Augen aufschlagen, und schon hätten sie herbeigezaubert, was sie sich wünschen. Doch das ist nichts weiter als eine bequeme Selbstlüge! Und insgeheim wissen das die meisten.

Es ist nicht ausreichend zu wissen, was man will. Man muss es auch tun!

Nur durch Deine Handlungen wirst Du wirklich Veränderungen ein-leiten. In dem Maße, in dem Du Verantwortung für Dein Leben über-nimmst, wirst Du anders auf Deine Umgebung reagieren und proakti-ver werden. Ähnlich verhält es sich mit dieser Empfehlung.

Durch Techniken wie zum Beispiel der Autosuggestion oder der Visualisierung wirst Du zwar ein Vielfaches an Erfolgsmöglichkeiten generieren können, doch das alleine genügt nicht. Verantwortung bedeutet, diese von Dir geschaffenen Chancen und Möglichkeiten auch zu ergreifen und Deine Ziele aktiv anzugehen!

Folgende Weisheit von Wallace D. Wattles ist die beste praktische Anleitung für diesen Prozess:

»Durch Deine Gedanken werden Dir die Dinge, die Du haben möchtest, gebracht. Durch Deine Handlungen erhältst und bekommst Du sie.«

Steck also all Deine Energie in diesen Prozess. Denk und handle rund um die Uhr in Übereinstimmung mit Deinen Zielen. Sie sind die Grundlage und die Leuchttürme, die Dir im großen Meer der Möglichkeiten den Erfolgskurs vorgeben. Bevor Du also länger von Deinen Zielen und Wünschen träumst, entscheide Dich, sie anzugehen.

Wir machen gar keinen Hehl daraus, dass dieser Prozess Dir Ausdauer und Durchhaltevermögen abverlangen wird. Schließlich sind wir es in der heutigen Zeit gewöhnt, alles sofort oder schnell haben zu können – am besten ganz ohne Anstrengung. Dieser Anleitung zu folgen erzeugt jedoch das Gegenteil von Erfolg!

In diesem Sinne hat Eleanor Roosevelt, die Frau des ehemaligen US-Präsidenten Franklin D. Roosevelt, eine extrem wichtige Empfeh-lung für Dich. Sie könnte den Kreis bezüglich der Ausweitung Deiner Komfortzone und der Übernahme der Verantwortung für Dein Leben, nicht besser schließen. Der kurze explosive Tipp lautet:

»Tu jeden Tag etwas, wovor Du Angst hast.«

Befolgst Du diesen Ratschlag, wirst Du persönlich enorm wachsen. Persönliches Wachstum wiederum ist der Keim des Erfolgsbaums. Viele der erfolgreichsten Menschen aller Zeiten beherzigen diesen Tipp – aber nur wenige derer, die nicht wissen, weshalb sie ständig scheitern.

Nach diesem Motto zu leben heißt, die individuelle Komfortzone Tag für Tag ein Stück zu erweitern. Das bewirkt Wachstum und Fortschritt und formt damit die Grundlage des Erfolgs.

PAULO COELHO UND ELEANOR ROOSEVELT

3.
Lebe kein limitiertes Leben!

Fällst Du den Entschluss, dem Pfad eines uneingeschränkten Lebens zu folgen, beginnt ein neues, ausgefülltes und sinnvolles Leben für Dich. Eines, das nicht mehr so limitiert ist, wie es Dir die Gesellschaft, Schulen und teilweise auch Universitäten gerne weismachen wollen.

Das Leben sprudelt nur so von neuen Chancen und Möglichkeiten. Ein limitiertes Leben mag zwar bequem sein, begrenzt jedoch die Möglichkeiten der Entfaltung und des Erfolgs enorm. Dabei hast Du die Zügel selbst in der Hand. Du kannst genauso erfolgreich werden wie Deine großen Idole, wenn Du die Methoden in diesem Buch an-wendest und langfristig bereit bist, Tag für Tag Schweiß und Arbeit in Deinen Traum zu investieren.

Alles um Dich herum, das man Leben nennt, wurde von Menschen erfunden, die nicht klüger sind als Du!

Diese Aussage ist ein richtiger Augenöffner! Vorher dachten auch wir, dass besonders erfolgreiche Menschen einfach intelligenter oder talentierter wären und es uns eben an dieser oder jener Fähigkeit mangeln würde. Dabei könnte man sich nicht mehr täuschen! Lies diese Aussage mehrere Male und lass sie sacken.

Alles das, was Du siehst, hättest auch Du erfinden, herstellen oder vermarkten können. Das bestätigt wiederum, dass Dein jetziges Leben und Deine aktuelle Beschäftigung durch Deine Entscheidungen in der Vergangenheit hervorgerufen wurde.

Im Umkehrschluss bedeutet das aber auch, dass Dir die Möglichkeit gegeben ist, Deine Situation zu verändern oder gänzlich zu wandeln – so bescheiden sie Dir auch gerade erscheinen mag. Du kannst, wenn Du wirklich willst, Dein eigenes Imperium aufbauen. Du kannst erfolgreich werden und Deinen Erfolg wiederum anderen Menschen zugutekommen lassen.

Entledige Dich der Vorstellung, dass das Leben einfach und trivial sei und Du darin Deinen festen Platz zugewiesen bekommen hast und daran nicht zu rütteln sei!

Steve Jobs sagt: Der Moment, in dem man realisiert, dass man eben doch die Kraft hat, das eigene Leben zu verändern, ist der wahrscheinlich wichtigste Moment überhaupt. In diesem Augenblick werden wir vom passiven Beobachter zum aktiven Schöpfer unserer neuen, eigenen Realität und setzen zugleich die dafür notwendigen Energieressourcen frei.

Entscheidend dafür sind in allererster Linie Deine Gedanken, Gefühle und Taten. Diese kannst Du kontrollieren und sie alleine entscheiden darüber, ob Du ein langweiliges und limitiertes Leben führen wirst oder Dein Potenzial voll ausschöpfst und Dich in Fülle auslebst.

Du wirst nie wieder derselbe sein oder sein wollen, sobald Du diese Selbsterkenntnis einmal hattest.

Erwarte also mehr von Dir und Deinem Leben und limitiere es nicht schon im Geiste. Lasse Dich von Deinen Träumen inspirieren – ganz egal wie riesig und utopisch sie Dir auch erscheinen mögen. Das ist der beste Startpunkt, um sie nicht nur zu verwirklichen, sondern sogar zu übertreffen!

STEVE JOBS

4.
Das perfekte Ziel

Die Zeit und das Leben sind kostbar. Du hast, so wie es aussieht, nur ein einziges Leben, um alles das zu erreichen, was Du erreichen willst. Jeder Tag, den Du Dich ohne Ziel und konkretes Vorgehen durch das Leben treiben lässt, gleicht einer kleinen Verschwendung. Du kannst nämlich so viel mehr. Du kannst alles erreichen, was Du willst!

Solange Du aber in eingefahrenen Pfaden immer wieder dieselben Schritte machst, ist es vermessen, andere Ergebnisse zu erwarten.

Damit Du andere Ergebnisse bekommst als bisher, musst Du neue Wege gehen als die bisherigen. Ziele sind dafür der wichtigste Faktor überhaupt! Sie funktionieren nämlich nach dem Naturgesetz »Geist herrscht über Materie«.

Wir werden zu dem, was wir denken, und sind in letzter Instanz das, was wir gedacht haben.

Diese Tatsache kann man nicht häufig genug betonen. Obwohl es schon lange kein Geheimnis mehr ist, nutzen diese Gesetzmäßigkeit nur wenige für sich. Ziele helfen Dir dabei, deinen Geist und insbesondere Dein Unterbewusstsein auf Deine Seite zu ziehen.

Mit konkreten Zielen folgst Du der tieferen Bestimmung und Begeisterungen Deines Lebens. Ziele motivieren. Ziele geben Deinem Leben einen nachprüfbaren Sinn. Ziele können Depressionen ver-schwinden lassen und die persönliche Entwicklung um ein Vielfaches beschleunigen. Mit Zielen kannst Du nur nach vorne gehen oder im »Worst Case« nach vorne fallen.

Ohne Ziele bleibst Du aber stehen, bewegst Dich rückwärts oder fällst zurück.

Ziele sind die Erfolgstreiber Nummer eins. Erfolg wiederum ist die Mutter des Glücks, welchem Du die Chance geben musst, überhaupt erst wirken zu können. Das tust Du, indem Du Dir Ziele setzt und sie Dir täglich bewusst machst. Ziele setzen positive Gedanken frei. Sie verhelfen Dir zu neuen Ideen und heben Dein Energielevel und Dein Selbstbewusstsein auf ein ungeahntes Niveau.

Ziele sind enorm wichtig. Ohne Ziele wird Dein Fortkommen tau-send Mal länger dauern als ohne. Ziele helfen Dir dabei, eine kluge Auswahl zu treffen. Nur wenn Du weißt, was Du nicht tun willst oder musst, fokussierst Du Dich auf das wirklich Wichtige.

Klarheit ist das Weglassen der unnötigen Dinge.

Je weniger Du Dich mit Unnötigem beschäftigst, umso schneller und klarer wirst Du das wirklich Wichtige erreichen.

Daher möchten wir Dir zwei besonders gute Zielsetzungs- und Zielerreichungsmethoden sowie das allgemeingültige Zielerreichungs-vorgehen verraten.

1. Arbeite mit Teilzielen

Mach es Dir zur Gewohnheit, jedes Ziel in kleinere Teilziele zu unterteilen. Nach diesem Prinzip funktioniert die Zielerreichung am besten. Dabei ist es egal, mit welcher weiteren Methode Du arbeitest. Das bedeutet, dass Du größere Ziele so lange in kleinere Teilziele einteilen solltest, bis Du schließlich festgelegt hast, was Du tagtäglich tun musst, um das übergeordnete Ziel zu verwirklichen (Tagesziele). Die-ses Prinzip ist das »A und O« jeder Zielerreichung.

2. Definier deine Ziele richtig – mit der SMART- oder der HSU-Methode

Bei der **SMART-Methode** erfolgt Deine Zieleinteilung nach den folgenden fünf Aspekten:

S = spezifisch. Konkretisiere Dein Ziel so genau wie möglich.

M = messbar. Dein Zielerreichungsprozess muss messbar sein.

A = attraktiv. Deine Ziele müssen erstrebenswert sein.

R = realistisch. Bleib bei Deiner Zielsetzung realistisch. Sie muss möglich sein.

T = terminiert. Leg einen zeitlichen Rahmen für Deine (Teil-)Ziele fest.

Mit der **HSU-Methode** erfolgt Deine Zieleinteilung nach den folgenden drei Aspekten:

H = herausfordernd. Je herausfordernder das Ziel, umso höher sein Wert.

S = spezifisch. Je spezifischer das Ziel, umso weniger Ablenkungsmög-lichkeiten gibt es.

U = unmittelbar. Je schneller Du das Ziel verwirklichen kannst, umso höher ist sein Wert.

Beide Techniken sind effektiv und gut. Die SMART-Methode beschreibt ein überwiegend strukturiertes Vorgehen. Die HSU-Methode hingegen lässt sich besonders gut mit der Motivationsformel und der Erzeugung von Erfolgsspiralen kombinieren. Schließlich zeigen Dir die drei Faktoren (HSU) Stellschrauben zur Optimierung auf. Probier daher beide Methoden aus und entscheide Dich für die Methode, mit der Du bessere Resultate erzielst.

G. T. Doran und Graham Yemm

5.
Sei selbst die Veränderung, die Du sehen willst!

Diese Erkenntnis kommt vielen – auch uns ging es so – einem Eingeständnis gleich. Ein Eingeständnis, dass man selbst und ganz allein die Verantwortung dafür trägt, sollte sich das Leben nicht so gestal-ten, wie man es sich eigentlich erträumt. Albert Einstein bezeichnete diesen Ursache-Wirkungszusammenhang als die wahre Definition des Wahnsinns:

»Die Definition von Wahnsinn ist, immer wieder das Gleiche zu tun und andere Ergebnisse zu erwarten.«

Dies einzusehen und zuzugeben, fällt allerdings den meisten Men-schen überaus schwer. Doch betrittst Du diesen Pfad der Selbstveränderung, wird sich damit auch Dein Einfluss auf die Gesellschaft und andere Menschen vergrößern. Der große Freiheitskämpfer Indiens, Mahatma Ghandi, sagte dazu:

»Sei Du die Veränderung, die Du in der Welt sehen willst.«

Genau das konnten wir im Laufe der letzten Jahre erleben. Erst als wir anfingen, uns selbst zu verändern, nahm unser Einfluss auf andere, auf die uns umgebende Umwelt und unsere Resultate zu. Jede Veränderung in Dir erzeugt eine Veränderung in Deiner Umwelt und dem, was Dir widerfährt oder auch nicht. Je intensiver und konsequenter Du diesen Pfad der Selbstveränderung und persönlichen Weiterentwicklung gehst, umso größer wird auch Dein Einfluss – und zwar nicht nur im persönlichen, sondern auch im beruflichen beziehungsweise unternehmerischen Bereich.

Dieser Prozess kann respekteinflößend sein. Daher gilt es, diesen Weg unseren Mitmenschen gegenüber so milde und empathisch wie möglich zu gehen. Nichts wird Dein Umfeld nämlich schneller verändern als Deine Veränderung.

Bevor Du also mit Gewalt versuchst Deine Umwelt zu verändern, beginn mit der Veränderung in und bei Dir.

Diese Veränderung ist häufig mehr als ausreichend und nicht selten sehr viel effizienter, um Deine Ziele auch im Außen zu realisieren. Dein Einfluss auf andere ist einzig und allein davon abhängig, wie viel besser Du sie behandelst, als sie es von Dir erwarten.

Nelson Mandela (Politiker und Freiheitskämpfer)

6. Sieh, statt zu schauen: Selbsterkenntnis und Dankbarkeit

Dieser Prozess ist ein wesentlicher Teilaspekt Deiner Selbsterkenntnis. Alle erfolgreichen Menschen haben zunächst einen gewissen Grad an Selbsterkenntnis erreicht, bevor sie in den Prozess der Selbstverwirklichung eingetaucht sind. Selbsterkenntnis ist gewissermaßen die Grundlage für Erfolg. Denn je besser wir uns selbst kennen, umso besser wissen wir, was uns glücklich macht. Glück und Erfolg wiede-rum sind unmittelbar aneinandergekoppelt.

Im Leben spielt daher auch das Mitteilen eine zentrale Rolle. Dabei lassen wir andere teilhaben, indem wir Erkenntnisse und Erfahrungen austauschen und weitergeben.

Wenn Du beginnst Dich, Dein Selbst, mit anderen zu teilen, dann beginnst Du auch, Dich selbst zu verstehen. Das können wir aus eigener Erfahrung bestätigen. Mit jedem Buch und Video, das wir schreiben und drehen, lernen wir mehr über uns selbst, als dies in einem Jahr in einem einsamen Kloster im Himalaya möglich wäre.

Mach Dich also auf die Suche nach Dir selbst und nach dem, was Dich glücklich macht. Indem Du findest, was Dich erfüllt, eröffnest Du Dir die Möglichkeit, direkt darauf zuzusteuern! Du musst nicht länger größere Umwege in Kauf nehmen, sondern kannst so geradlinig und so schnell wie möglich darauf zufahren. Glück und Erfolg lassen sich nur selten über ellenlange Umwege und Methoden erreichen. Sie sind in uns selbst! Je besser Du Dich selbst kennst, desto besser weißt Du, wie Du Deinen persönlichen Erfolg erreichst. Beginn also mit der Frage:

Was macht mich glücklich? Und worin will ich erfolgreich werden?

Die Beantwortung der Frage verlangt von Dir Aufmerksamkeit, Innenschau und Dankbarkeit. Alle erfolgreichen Menschen verspüren Dankbarkeit. Sie stimmen darin überein, dass sie niemals mit derart großem Erfolg gerechnet hätten.

Dankbarkeit ist eine Eigenschaft, die gleich mehrere positive Ei-genschaften fördert. Dazu gehören Lockerheit, positive Gefühle, Motivation, Inspiration sowie die positive Anerkennung der Vergangen-heit. Dankbarkeit kann Krankheiten heilen oder präventiv wirken. Sie sorgt vor allem dafür, dass wir die vermeintlich kleinen Geschen-ke des Lebens wieder schätzen lernen, da wir den Fokus auf das Positive lenken.

Das Leben ist eine Ansammlung vieler kleiner Situationen, die doch nur allzu schnell vergessen sind. So entsteht Alltag. Man meint, ein Tag gleiche dem anderen, und die Jahre vergingen immer schneller und schneller. Dabei gibt es eine einfache Übung, dieser Negativ-spirale einen Riegel vorzuschieben: das Dankbarkeitstagebuch.

Das Dankbarkeitstagebuch ist ein Medium, das viele erfolgreiche Menschen Tag für Tag nutzen – auch nachdem sie überaus erfolgreich geworden waren. Darunter zum Beispiel der ehemalige »James Bond« Pierce Brosnan.

Ein Dankbarkeitstagebuch setzt kein festes Vorgehen voraus. Wichtig ist, Dir einmal täglich Zeit dafür zu nehmen. Bau es also in Deine tägliche Routine ein. Besonders effektiv ist es, das Dankbar-keitstagebuch abends zu führen. Wir haben die Methode für uns über die Jahre immer weiter verbessert und haben vier Fokuspunkte herausgefunden.

Zunächst listest du drei Tagesereignisse auf. Frag Dich, was heute Dein Herz berührt hat, was Dich inspiriert und was Dich überrascht hat. Anschließend fügst Du beliebig viele weitere Punkte hinzu, für die Du dankbar bist. Die Liste kann in ihrer Länge also zwischen vier und beliebig vielen Punkten variieren.

Ein einfacher zusätzlicher Trick hilft Dir zudem dabei, die kleinen Situationen und Dinge wieder zu entdecken, an die Du Dich am Ende des Tages normalerweise nur selten erinnerst. Beginne Deine Tagesrückschau, indem Du Deinen Tag rückwärts Revue passieren lässt. Du beginnst also mit dem gegenwärtigen Augenblick und gehst dann Schritt für Schritt zurück, bis Du am Anfang Deines Tages angekom-men bist. Je häufiger Du diesen Prozess durchläufst, umso detaillierter werden Deine Erinnerungen und umso magischer werden plötzlich vor allem die vermeintlich unbedeutenden und kleinen Momente. Diese Übung hebt nicht nur Dein Glücksniveau, sondern programmiert Dich auch mit jedem Tag mehr auf Erfolg.

Paulo Coelho zum Beispiel schrieb sein erstes wirklich erfolgreiches Buch erst im Alter von 42 Jahren. So lange war er jedoch jeden Tag dankbar dafür, seine Leidenschaft ausleben zu dürfen. Solange Du also schätzt, was Du tust und dafür dankbar bist, kommt der Erfolg ganz bestimmt.

Darüber hinaus stärkt diese Übung Deine Tages-Aufmerksamkeit. Sie ist ein weiteres Geheimnis, das erfolgreiche Menschen von weniger erfolgreichen Menschen unterscheidet. Der indische Yogi und Mystiker Sadhguru und auch der Autor Carlos Castañeda nennen es den Unterschied zwischen Sehen und Schauen.

Beim Sehen geht es darum, mit allen Sinnen sowohl die innere als auch die äußere Welt wahrzunehmen. Das wiederum gelingt nur, wenn der Fokus auf der Präsenz und Aufmerksamkeit im gegenwärtigen Moment liegt.

Sehen ermöglicht es Dir, jene Chancen, Möglichkeiten und Ideen wahrzunehmen, die anderen – mangels Aufmerksamkeit und Intuition – verborgen bleiben.

So lernt auch der »kleine Prinz« in Antoine de Saint-Exupérys Buch

»Der kleine Prinz« erst vom Fuchs, was den Geist ausmacht:

»Man sieht nur mit dem Herzen gut.
Das Wesentliche ist für die Augen unsichtbar.«

Es geht beim Sehen also um das verborgene Wesen der Dinge, die man nur erfassen kann, wenn man mit allen Sinnen sieht. Man muss seine angewöhnten »Optimierungs-Filter« ablegen und die Dinge und Men-schen so sehen, wie sie wirklich sind. Verstehst Du diesen verborgenen Aspekt des Lebens, entdeckst Du ein Geheimnis, das Dir auch unternehmerisch Tür und Tor öffnen kann.

Paulo Coelho und Karlheinz Ruckriegel (Glücksforscher)

7. Die Polarität als Erfolgsschlüssel

Die Polarität ist das womöglich wichtigste universale Grundgesetz. Dennoch ist dieses Grundgesetz kaum jemandem bekannt! Es besagt, dass eine Sache immer zwei Seiten oder Pole besitzen muss, um überhaupt existieren zu können. Anders wäre unser polar aufgebautes Bewusstsein (Wach- und Unterbewusstsein, sowie linke und rechte Gehirnhälfte) gar nicht in der Lage, es wahrzunehmen.

Ähnlich wie bei einem Computer, der die 0 und die 1 kennt, weiß unser Gehirn, dass ein Begriff mit seiner Bedeutung entweder existiert (1) oder eben nicht (0). Die Abwesenheit von etwas (0) ist also das Gegenteil von seinem Vorhandensein (1). Wenn etwas existiert, muss es zwangsläufig auch die Möglichkeit geben, dass es nicht existiert.

Betrachten wir zum Verständnis einige Beispiele:

Ohne Dunkel kein Hell.
Ohne Hass keine Liebe.
Ohne Krieg kein Frieden.

Ohne Niederlage kein Sieg.
Ohne Misserfolg kein Erfolg.
Ohne Verlierer kein Gewinner.
Ohne Trauer keine Freude.
Ohne Oben kein Unten.
Ohne Links kein Rechts.

Diese Liste verdeutlicht bereits, wie sich alles auch durch sein Gegenteil ausdrückt. Darin liegt ein weiterer geheimer Erfolgsschlüssel verborgen. Er besagt, dass man ein Ziel immer auch (manchmal sogar ausschließlich) über seinen Gegenpol erreichen kann.

Warren Buffett beschäftigt sich zum Beispiel bis zum heutigen Tage mit Studien über das Scheitern. Indem er sich mit dem Scheitern beschäftigt, eignet er sich wertvolles Wissen an. Er beschäftigt sich mit der Kehrseite des Erfolgs und reduziert damit die Wahrscheinlichkeit, selbst ähnliche Fehler zu begehen. Darüber hinaus identifiziert er dadurch Herangehensweisen, Unternehmen zu retten oder vermeidet Investitionen in Geschäfte, die seinen Erfahrungen nach in Zukunft Scheitern werden.

Sich auf dem Weg zum Erfolg mit dem Gegenpol des Ziels zu beschäftigen war für uns eine der wertvollsten Empfehlungen überhaupt.

Einige Beispiele:

Wenn Du aktiver werden willst, studiere,
weshalb Menschen träge sind.

Wenn Du alt werden willst,
studiere, wie und woran Menschen sterben.

Wenn Du persönlich wachsen willst,
studiere, was Depressionen auszeichnet.

Wenn Du reich werden willst,
studiere, warum Menschen arm (geworden) sind.

Wenn Du glücklicher werden willst,
studiere, weshalb Menschen unglücklich sind.

Wenn Du selbstbewusst sein möchtest,
studiere, weshalb Menschen unsicher sind.

Wenn Du Liebe in Deinem Leben erfahren willst,
studiere, warum Menschen hassen.

Wenn Du erfolgreich werden willst,
studiere, wie und woran Menschen scheitern.

Sobald Du ein Grundverständnis für die Polarität entwickelst, wirst Du auch verstehen, weshalb es sich lohnt, Risiken einzugehen und inwiefern Polarität ein essentieller Teilbereich der Sprache des Lebens ist.

Diese Entdeckung wird Deinem Erfolg Quantensprünge ermöglichen!

THORWALD DETHLEFSEN (PSYCHOLOGE), C. G. JUNG (PSYCHOANALYTIKER)
UND WARREN BUFFETT

8.
Sorge Dich nicht, lebe!

Es sind nicht die Berge, deren Besteigung noch vor Dir liegt, die Dich ausbrennen; es ist das Steinchen in Deinem Schuh. Das sagte sinngemäß Muhammad Ali.

Die Steinchen im Schuh sind die Sorgen, die uns und unsere persönliche Entwicklung, bremsen. Sieh also zu, dass Du keine »Steinchen« in Deinen Schuhen hast, während Du auf Dein Ziel zuläufst.

Die Sorgen abzulegen, kann sehr viel Energie frei machen. Vor al-lem gesundheitliche und seelische »Problemsteinchen« sollten ernst genommen werden, denn sie machen den gesamten Weg besonders schwer. Können wir diese dagegen hinter uns lassen, weil wir die Sorgen abgelegt haben, fühlen wir uns befreit und können frohen Mutes unsere Ziele verfolgen. Es ist die Art und Weise, das »Wie«, die Form und unsere Gefühle, mit denen alles steht und fällt.

Anders herum ausgedrückt: Stehen wir beispielsweise unter zeitlichem Stress, kann uns auch die schönste, erfüllendste Arbeit nicht die volle Freude bereiten. Sorgen und Selbstzweifel sind die größten Bremsklötze auf dem Erfolgspfad. Sie gilt es daher als erstes aus dem Weg zu räumen!

Schaff alle Voraussetzungen dafür, dass Du möglichst sorgenfrei und konzentriert auf Dein Ziel zusteuern kannst.

Das heißt, Du musst Dich um die Steinchen, die Dir den Weg erschweren, zuerst kümmern. Den meisten Sorgen kannst Du mit der Antwort auf eine einfache Frage die Kraft nehmen, sich weiter selbst zu verstärken: »Was wäre das Schlimmste, das passieren könnte?« Diese Strategie flößt in der Regel jedoch Angst ein. Schließlich sind es gerade diese Steinchen, die wir so lange vor uns herschieben, bis daraus ein unüberwindbarer Schutthaufen geworden ist. Lass es nicht so weit kommen!

Kümmere Dich zuerst um jene Dinge, die Dir am meisten Angst einjagen und die Du am längsten vor Dir herschiebst. Sie sind in der Regel zugleich die wichtigsten.

Sollten Sorgen übrig bleiben, kannst Du diesen mit zahlreichen Empfehlungen kommender Kapitel begegnen.

DALE CARNEGIE UND MUHAMMAD ALI

9. Behandle andere so, wie Du selbst behandelt werden möchtest!

Jeder Mensch lebt gemäß seinen ganz eigenen Normen, Werten und Standards. Je nachdem worin diese bestehen, strebt er entweder nach einem erfüllenderem oder nach einem tristeren Leben.

Deine Standards definieren somit letzten Endes auch, nach welchen Maßstäben Du andere behandelst. Die meisten Menschen möchten gerne liebevoll, großzügig, zärtlich, zuvorkommend, hilfsbereit, ehrlich und friedlich behandelt werden. Solltest Du Dich dazu zählen, frage Dich:

Behandle ich andere so, wie ich von ihnen behandelt werden will?

Sicherlich fallen Dir direkt mehrere Situationen ein, in denen Du Deinen eigenen Standards nicht genügst und Du andere Personen dadurch vielleicht sogar vor den Kopf gestoßen hast. In der Regel meinen wir es ja nicht so, doch unsere Gefühle waren in diesen Situa-tionen stärker und haben unseren Verstand ausgeschaltet.

Die Lebensregel, andere so zu behandeln, wie Du selbst behandelt werden willst, umzusetzen, kann Deinen Erfolg jedoch ungemein beflügeln. Du kreierst dadurch nämlich nicht nur Deine eigenen Standards, sondern beginnst zu geben, was Du bekommen willst. Außerdem erzeugst Du damit die Veränderung in Dir, die Du in Deiner Umwelt gerne sehen willst.

Die Auswirkungen dieser Erfolgsregel können Dich und Dein Leben völlig verändern. Der dahinter liegende Mechanismus ist auf das Gesetz von Ursache und Wirkung zurückzuführen. Die Weisheit, darauf zu achten, was wir säen, weil es das ist, was wir später ernten werden. Ein Gesetz, das quer über alle Kulturen seit Urzeiten bekannt ist.

Du wirst sehen, wie schnell sich Deine Umwelt verändert, wenn Du Dich und Dein Verhalten änderst. Durch die Polarität des Bewusstseins können Menschen immer nur das wahrnehmen, was auch in ihnen ist. Wenn Du also andere Menschen plötzlich auf eine besonders nette und liebevolle Art und Weise behandelst, wird Dein Umfeld genau das wahrnehmen. Und es kommt noch besser! Der Aufbau des Gehirns mit seinen Spiegelneuronen führt dazu, dass Dir Dein Umfeld genau das zurückspiegeln wird.

JESSICA ALBA (SCHAUSPIELERIN) UND MAHATMA GANDHI (FREIHEITSKÄMPFER)

10. Nimm Dich selbst nicht zu ernst!

Vor allem Humor und Lockerheit sind Eigenschaften, auf die unsere Spiegelneuronen besonders gut reagieren. Sie sind Aspekte, die wir schon im Babyalter intensiv wahr- und aufnehmen. Deshalb sind uns alle humorvollen und lockeren Menschen so unglaublich sympathisch. Sympathie entgegengebracht zu bekommen, ist wiederum ein Erfolgsfaktor und -beschleuniger. Sympathie vereinfacht das Leben und öffnet Türen, die sonst versperrt blieben.

Menschen, die auch über sich selbst lachen können, zeigen aber nicht nur Humor. Sie geben auch zu erkennen, dass sie – trotz Stress und intensiver Arbeitsstunden – Lockerheit an den Tag zu legen ver-mögen. Lockerheit und Gelassenheit sind Eigenschaften, die sich überaus positiv und beruhigend auf Dein Umfeld auswirken. Indem Du mit Humor und Lockerheit einen gewissen Freiraum erzeugst, machst Du Platz für Kreativität und Flexibilität. Diese sind extrem wichtig, um neue Ideen zu kreieren und in die Tat umsetzen zu kön-nen. Die Fähigkeit, sich selbst nicht zu ernst zu nehmen, macht Dich nicht nur sympathisch, sondern zeigt auch Empathiefähigkeit und reduziert die Hemmschwelle anderer, auf Dich zuzugehen.

Außerdem sind Humor und Lockerheit Erfolgsrezepte, die auch Deine Produktivität und Effizienz steigern können. Wenn Du Dich nämlich verkrampfst, machst Du es Dir enorm schwer, Hindernisse zu überwinden. Mit Lockerheit jedoch findest Du immer (Aus)Wege – gleichgültig wie aussichtslos die Situation auch erscheinen mag.

Humor, Lockerheit und Gelassenheit sind das Gegenteil von Ernst, Starrheit und Verkrampftheit. Sie sind das einfachste Rezept, Dinge fließen zu lassen, statt Blockaden zu erzeugen. Du selbst bist, egal ob in privaten oder beruflichen Lebensbereichen, selbst dafür verant-wortlich. Bestimmt hast Du Dich auch schon das ein oder andere Mal darüber gewundert, dass bei den einen alles fast mühelos fließt, während andere selbst mit aller Anstrengung und Gewalt nicht annä-hernd ähnliche Ergebnisse zu erzielen vermögen.

Bei der genaueren Betrachtung ist das allerdings kaum verwunderlich. Schließlich bedeuten Lockerheit und Humor gelebtes »Loslas-sen«. Erst der Akt des Loslassens wiederum sorgt dafür, dass die Din-ge überhaupt ins Fließen kommen, alleine weiterarbeiten und sich verstärken können. Die Kombination aus beruflicher oder privater Ambition sowie Humor und Lockerheit erzeugt genau diese Erfolgs-spirale. Zuerst kreierst Du mit intensiver Arbeit Ursachen, die sich anschließend mittels Lockerheit und Humor (Loslassen) zu sehr viel größeren Wirkungen verstärken können.

»Der Trick liegt darin, worauf jemand sein Augenmerk legt.
Wir können uns selbst entweder jämmerlich oder glücklich machen.
Der Arbeitsaufwand ist derselbe.«
(Carlos Castaneda)

Die Schwierigkeit ist, Lockerheit und Humor derart mit positivem Ehrgeiz zu verbinden, dass Du – beziehungsweise Dein Unternehmen – wächst und profitabler wirst. Du musst also Deine Verantwortung ernst nehmen und zugleich über Dich selbst lachen können.

Denk immer an das Grundgesetz: »Wie innen, so außen, und wie außen, so innen.« Du kannst immer nur wahrnehmen, was auch in Dir ist. Wenn

Du also locker, humorvoll und ambitioniert bist, wirst Du auch Dein Umfeld nach diesen Maßstäben wahrnehmen und mit diesen Eigenschaften – subtil – beeinflussen.

BARACK OBAMA

11.
Das Prinzip der Autosuggestion

Autosuggestion ist das beste Prinzip, um die eigene Gedanken- und Gefühlswelt auf Erfolg zu polen. Bei der Autosuggestion handelt es sich um ein Prinzip der geistigen Selbstbeeinflussung, bestehend aus Affirmationen und Visualisierungen. Sowohl Affirmationen (wieder-holt gesprochene Botschaften an Dein Unterbewusstsein) als auch Visualisierungen (die Vorstellung konkreter Zielzustände) bedienen sich Deiner Vorstellungskraft.

Die Vorstellungskraft wiederum ist der Willenskraft um ein Vielfaches überlegen. Die Methoden zielen darauf ab, Dein Unterbewusst-sein positiv zu beeinflussen. Im Unterbewusstsein entstehen alle Gedanken und Gefühle, die die entscheidenden Erfolgstreiber oder Erfolgsverhinderer sind. Indem Du das Prinzip der Autosuggestion mittels der Methoden Affirmation oder Visualisierung nutzt, steigt Dein Grad der Eigenverantwortung für Dein Leben. Indem Du Dich selbst veränderst, veränderst Du zugleich deine Umwelt. Methoden der Autosuggestion sind eine bewährte Hilfe zur Selbsthilfe. Der größte Meister dieser Metho-de, Emile Coué, schaffte es mit ihr sogar, gehbehinderte Menschen innerhalb von Sekunden dazu zu bringen, erst zu gehen, dann zu lau-fen und innerhalb von Minuten Bänke zu überspringen!

Konfuzius drückte das Prinzip sinngemäß so aus:

»In der Regel haben sowohl der, der sagt, er kann, als auch der, der sagt, dass er nicht kann, beide Recht.«

Der große Philosoph Annaeus Seneca (4 v. Chr.–65 n. Chr.) sagte das Gleiche in anderen Worten:

»Schmerz ist leicht zu ertragen, sobald er nicht durch den Gedanken daran verschlimmert wird; und wenn man sich selbst Mut zuspricht, indem man sich sagt: ›Es ist nichts oder nur eine Kleinigkeit, es muss geduldig ertragen werden, bald wird es vorbei sein‹, dann erleichtert man sich selbst den Schmerz, insofern man ihn wirklich leicht auffasst.«

Eigne Dir also das Prinzip der Autosuggestion an. Nutze Methoden wie Affirmationen und Visualisierungen und verändere damit die Struktur Deines Unterbewusstseins. Je stärker Du Dein Unterbewusst-sein auf Erfolg »programmierst«, umso schneller wirst Du erstaunliche Ergebnisse erzielen.

Der erfolgreichste Motivationstrainer aller Zeiten, Tony Robbins, empfiehlt diese Methoden mit voller Inbrunst und Überzeugung auszuführen. Es ist fundamental, Dein ganzes Selbst darin zu involvieren.

Deine Botschaften müssen intensiv aus Deinem Innersten kommen. Du musst davon überzeugt sein und sie mit hilfreichen, positi-ven Emotionen und Gefühlen füllen. Tu das so intensiv, wie es Dir möglich ist. Visualisiere oder affirmiere also nicht anteilslos und neutral, sondern so enthusiastisch und hingebungsvoll, wie Du nur kannst. Das wird Dein Selbstbild beeinflussen und Dich dazu bewe-gen, alle Hebel in Bewegung zu setzen, Deinen Wunschzustand tatsächlich zu realisieren.

EMILE COUÉ, EARL NIGHTINGALE, TONY ROBBINS,
NAPOLEON HILL UND DALE CARNEGIE (MOTIVATIONSTRAINER)

12. Denke und handle identisch, immer und immer wieder!

Der Weg zum Erfolg ist unendlich mühsam ohne die Kraft des Geistes. Nutzen wir ihn aber zu unserem Vorteil, ist Erfolg praktisch vorpro-grammiert. Unsere vergangenen Gedanken und Gefühle sind verant-wortlich für unseren Zustand heute und unsere gegenwärtigen Ge-danken und Gefühle bilden unsere Zukunft.

In der Regel haben wir jedoch auf beide Faktoren nur eingeschränkt Einfluss. Wir können uns aber die Neuroplastizität unseres Gehirns zunutze machen. Neuroplastizität bedeutet, dass das Gehirn mit seinen Abermilliarden neuronaler Verbindungen formbar ist. Diese Fähigkeit des Gehirns kann – abhängig davon, wofür wir sie nutzen – sowohl positiv als auch negativ sein.

Grundsätzlich verstärken sich Neuronen beziehungsweise ihre neuronalen Verbindungen, die gemeinsam feuern. Das heißt, die jeweiligen Bereiche unseres Gehirns werden stärker.

Die Beeinflussung unserer neuronalen Verbindungen kann auf zwei

Weisen geschehen: Zum einen können wir einen Gedanken immer und immer wieder denken (Prinzip der Autosuggestion mit Methoden wie der Affirmation oder der Visualisierung). Zum anderen, und das ist die deutlich wirkungsvollere Methode, können wir eine Handlung immer und immer wieder identisch ausführen und wiederholen. Unsere Handlungen sind nämlich hauptsächlich für physiologische Veränderungen in unserem Gehirn verantwortlich. Das heißt: Wir können nicht effektiver lernen und uns besser selbst programmieren als über wiederholtes Tun!

Deshalb ist die Erfahrung geistigem oder theoretischem Lernen stets überlegen. Wenn Du zudem den Schwierigkeitsgrad der Tätigkeit graduell erhöhst, lernst Du dadurch nicht nur mehr, sondern es ergeben sich daraus auch deutlich größere, strukturelle Veränderungen in Deinem Gehirn. Anders gesagt:

Jede Handlung verändert das Gehirn.

Deshalb ist es so außerordentlich wichtig, dass Du jene Tätigkeiten, die Dich Deinem persönlichen oder beruflichen Erfolg näherbringen, ganz besonders häufig ausführst.

Hierfür sind Ziele, die Du in kleinere Teilziele einteilst, unabdingbar. Wiederhole die für die Zielerreichung notwendigen Tätigkeiten und Gewohnheiten so oft, so intensiv und mit so positiven Gefühlen, wie Du nur kannst. Indem Du jene Tätigkeiten, die Du nicht länger als gesund für Dein Gehirn erachtest, nicht mehr durchführst (das Rauchen ist hier das typische Beispiel), werden diese neuronalen Verbindungen geschwächt und schließlich aufgelöst.

Sei Dir also bewusst, dass Dein Gehirn Dein stärkstes Erfolgs- und Misserfolgswerkzeug ist. Alles, was Du in jedem Moment Deines Le-bens tust, siehst, erlebst, sagst und spürst, verändert Dein Gehirn und stärkt die betreffenden Bereiche. Du wirst zu dem, was Du denkst, fühlst, sagst, erlebst, siehst, studierst und vor allem tust!

DR. LARA BOYD UND DR. JOE DISPENZA (GEHIRNFORSCHER)

13.
Achte nicht darauf, was andere über Dich denken!

Wir leben in Zeiten, da jeder einer bestimmten Gruppe zugehörig sein will. Dieses Zugehörigkeitsdenken beeinflusst auch unser Verhalten enorm. Bestimmt spielst auch Du regelmäßig Gedankenspiele, was andere über Dich denken und sagen könnten, wenn Du etwas tust, das der Gruppe außergewöhnlich erscheint.

Schon bevor Du diese außergewöhnlichen Ideen äußerst oder untypische Wege beschreitest, hörst Du die Stimmen und das hämische Lachen Deiner Freunde und Bekannten in deinem Kopf. Diese Tatsache lähmt und schränkt Deine Individualität jedoch sehr stark ein. Du selbst und wahrlich authentisch zu sein, fördert dagegen das Selbst-vertrauen. Diese Einzigartigkeit ist es dann, die Dich nicht mehr kon-form, mit den nicht selten durch die Werbung beeinflussten Stan-dards, sein lässt.

Dieses Instrument der »sozialen Ächtung und Ausgrenzung« (wobei es in der Regel nicht so weit kommt) ist so alt wie die Menschheit selbst. Vor Jahrtausenden bedeutete es, dass man nicht länger seinem Stamm angehörte. Das wiederum kam damals dem sicheren Tod gleich. Obgleich heute die offensichtlichen Stammesstrukturen fast vollständig aufgelöst sind, ist dieser evolutionsbiologische Mecha-nismus in unserem Gehirn so präsent wie eh und je. Das bedeutet, dass wir uns nach wie vor Stämmen zugehörig fühlen möchten.

Heute bestehen diese Stämme zum Beispiel aus Bankern, Rockern, Hipstern, Nerds, Sportlern und anderen Gruppen. Der jeweilige Le-bensstil wird, zum Beispiel mit entsprechender Kleidung, nach außen kommuniziert. Man bezeugt damit die Zugehörigkeit zu einer be-stimmten Gruppe – das gilt auch für Freundeskreise oder die Familie. Da sich jeder, mehr oder weniger stark, einer Gruppe zugehörig fühlt, ist die Urangst der Ächtung beziehungsweise des Gruppenausschlus-ses nach wie vor aktuell.

Darüber hinaus nimmst Du in jeder Gruppe eine bestimmte Position ein. Die Gruppe erwartet daher von Dir, dass Du diese Position so ausfüllst, wie sie es von Dir gewöhnt ist. Sonst könnte Unruhe innerhalb der Positionen der Gruppe entstehen – ähnlich der Hackordnung im Hühnerstall.

Äußerst Du nun nicht-konforme Gedanken, kleidest Dich anders oder eröffnest indirekt die Möglichkeit, die Gruppe verlassen zu kön-nen, setzen sowohl in Dir, als auch in der Gruppe, alte Urinstinkte ein. Genau das löst Ängste aus – die bei neutraler Betrachtung allerdings keine Konsequenzen nach sich ziehen. Dennoch hemmen Dich diese Ängste möglicherweise, blockieren Dich und schränken Dich ein.

Darüber hinaus musst Du mit dem Faktor Neid kämpfen. Die »Drohung« auszubrechen, etwas Neues zu entdecken, über Dich hinauszuwachsen und dadurch nicht länger in die Gruppenformation eingliederbar zu sein oder vielleicht sogar etwas zu schaffen (zum Beispiel Dich selbstständig zu machen und Dein eigener Chef zu werden) wovon der Rest nur träumt, kann rasch Neidgefühle aufkommen lassen. Hinzu kommt, dass der Rest der Gruppe Dir den Erfolg womöglich insgeheim gar nicht gönnt.

In der Regel bedeuten Neidgefühle und der Fakt, dass andere über Dich reden, lediglich, dass Du etwas tust, das sie eigentlich selbst ger-ne erreichen würden. Sie müssen zusehen, wie Du wächst und Fort-schritte machst, während sie selbst stehen bleiben. Sei Dir bewusst, dass wir nur in anderen sehen (und nicht mögen können), was wir in uns selbst sehen (oder an uns nicht mögen). Was kannst Du noch gegen die Gedankenspiele in Deinem Kopf tun?

Frag Dich einfach, was das Schlimmste sein könnte, das passieren kann.

Schnell wirst Du feststellen, dass Du weder soziale Ächtung, den Gruppenausschluss oder gar den Tod zu befürchten hast. Ganz im Gegenteil. Was Dich erwartet, sind Fortschritt, Wachstum und Erfolg. Dinge, von denen alle um Dich herum profitieren können. Lass Dich daher nicht vom Denken anderer beeinflussen und einschränken!

Erfolg und Selbstvertrauen bedingen einander gegenseitig. Beide Faktoren werden allerdings auch erheblich von der Variable »Selbst-glaube« beeinflusst. An Dich, Deine Fähigkeiten und Dein Wissen, zu glauben, ist allerdings ebenfalls ein Produkt der Faktoren Selbstver-trauen und Erfolg. Eine einseitige Beziehung existiert hier nicht.

Wer allerdings an sich selbst glaubt, der verfügt über eine Energieressource, die überaus intensiv und effektiv wirkt.

Wenn Du an Dich glaubst, weißt Du, dass Dein Erfolg nur einen Steinwurf entfernt ist. Unabhängig davon, was andere über Dich denken. Alle erfolgreichen Menschen (Michael Jackson, Thomas Edison, Walt Disney, Steve Jobs und viele mehr) bestätigen diesen Effekt. Sie haben immer an sich und ihr Projekt geglaubt – selbst in aussichtslosen Zeiten vermeintlich unüberwindbarer Hindernisse.

Im Umkehrschluss:

Wenn Du nicht an das glaubst, was Du tust, dann kannst Du es genauso gut auch bleiben lassen.

Tu nur Dinge, hinter denen Du zu 100 Prozent stehst, geh direkt darauf zu und lass Dich von niemandem davon abbringen! Alles andere ist verschwendete Zeit.

Michael Jackson, Tom Watson und Warren Buffett

14.
Lass los!

Das »spirituelle« Erfolgsgesetz des Loslassens haben wir schon im Rahmen des zehnten Kapitels angesprochen. Das Geheimnis versteckt sich genau darin, nicht im Ergebnis einer Tätigkeit oder eines Wunsches verhaftet zu bleiben, sondern sich davon freizumachen.

Nicht umsonst heißt es, dass Du die Anhänglichkeit an das Ziel und das Ergebnis aufgeben musst, um Dein Ziel zu erreichen. Wenn Du nämlich ständig an das gewünschte Resultat denkst, erzeugst Du ein Gefühl des Mangels. Dabei ist das Gefühl der Fülle der Schlüssel zum Erfolg.

Diese Fülle schaffst Du in dem Augenblick, da Du zwar Intention und Wunsch aussendest, Dich dann aber ganz spezifisch Deiner Tätigkeit im Hier und Jetzt widmest. Nutz in diesem Zusammenhang unbedingt das Gesetz des Rhythmus. Es ist auch als das Gesetz der Schwingung bzw. das 6. hermetische Gesetz bekannt.

Es besagt:

»Alles fließt hinein und fließt wieder hinaus. Alles besitzt seine Gezeiten. Alles steigt und fällt, alles ist Schwingung.«

Die Polarität sorgt dafür, dass unser Leben wie ein Pendel verläuft. Wenn wir eine Tätigkeit ausführen, heben wir das Pendel in eine Richtung. Das Pendel kann aber erst dann Schwung aufnehmen, wenn wir es loslassen. Der regelmäßige Rhythmus sorgt schließlich dafür, dass es immer höher ausschlägt – mit immer weniger Kraftanstrengung.

Erfolg besteht also abstrakt betrachtet aus zwei Polen. Zum einen aus einer regelmäßigen »Kraft«-Anstrengung. Damit sind regelmäßige Tätigkeit und Zeitinvestition in Deine Wünsche und Träume gemeint. Auf der anderen Seite musst Du aber auch bereit sein, das Pendel schwingen zu lassen, indem Du es loslässt. Nur so kann es Eigendynamik entwickeln und mit Deinen regelmäßigen Anstrengungen von Mal zu Mal immer höher ausschlagen.

Kombiniere also Rhythmus, regelmäßige (tägliche) Tätigkeit mit regelmäßigen (täglichen) Phasen des Loslassens und der Entspannung (Meditation, ein Bad nehmen, Sport machen und anderes).

Indem Du Deine Arbeiten in vollem Bewusstsein des gegenwärtigen Moments ausführst, lenkst Du alle Energie hinein, gibst Dein bestes und steigerst die Qualität Deiner Arbeit auf das Maximum.

Wenn Du dagegen ständig an das Resultat denkst, verlierst Du Deinen Fokus und limitierst Dich darin, Dein volles Potenzial auszuschöpfen. Mach also jede Bewegung rhythmisch – wie Beppo Straßen-kehrer aus Michael Endes »Momo« (Kapitel 16) – und lös Dich währenddessen vom Ergebnis. Dadurch nutzt Du das Gesetz des Rhyth-mus für Dich.

Du wirst bemerken, dass Du das Leben plötzlich durch eine andere Brille wahrnimmst. Mittels dieser einfachen, aber höchst effizienten Technik lassen sich nicht nur die Qualität Deiner Arbeit, sondern auch Deine Lebensqualität erheblich verbessern.

Deepak Chopra (spiritueller Erfolgslehrer)

15. Nutze den Flow!

In vielen Untersuchungen haben Forscher herausgefunden, dass der Mensch dann sowohl am produktivsten und effizientesten als auch am glücklichsten arbeitet, wenn er sich im Zustand des sogenannten »Flow« befindet.

Diesen Zustand erreichen wir dann, wenn wir das, was wir gerade tun, gerne tun. Dann ist unsere Motivation altruistisch, denn sie kommt von innen heraus.

Das Tolle daran: In diesem Zustand bewältigen wir ganze Berge von Aufgaben scheinbar mühelos und deutlich schneller, als wir das sonst gewöhnt sind. Darüber hinaus verschwimmt in diesem Zustand unser Zeitempfinden. Stunden erscheinen wie Minuten, und ein ganzer Tag kommt einem vor wie eine einzige Stunde. Was geschieht dabei in unserem Gehirn?

Der Flow ordnet Dein Bewusstsein, da Du im Flow vollkommen vertieft und konzentriert an etwas arbeitest. Im Flow-Zustand bist Du voll bei der Sache und nicht im Geringsten abgelenkt – weder durch Ereignisse von außen noch durch Gedanken von innen. Diese Fokus-sierung steigert nicht nur die Qualität Deiner Arbeit, sondern auch die Qualität des subjektiv wahrgenommenen Zeitempfindens.

Darüber hinaus fühlen wir uns im Flow glücklich. Das Glücksempfinden in diesem Zustand lässt sich darauf zurückführen, dass der Mensch jene Zeit am meisten genießt, da er aktiv an einer Problemlösung arbeitet und damit ringt eine Herausforderung zu meistern. Somit ist ein kontinuierlicher Flow einer der schnellsten und sichersten Wege zu Erfolg und Selbstverwirklichung.

Wir vergleichen den Flow gerne mit der »tuenden Meditation«. Tätigkeiten, die den Flow-Zustand auslösen können, zeichnen sich in der Regel dadurch aus, dass sie Dich fordern, aber nicht überfordern. Sie stimmen also mit Deinen Fähigkeiten überein und bieten somit hohe Erfolgsaussichten.

Auf der anderen Seite musst Du Dich trotzdem anstrengen und konzentriert arbeiten, um positive Resultate zu erzielen. Übe also vermehrt jene Tätigkeiten aus, die in Dir diesen Zustand fördern. Du wirst sehen, dass Du im Flow maximale Produktivität mit minimalem Zeitaufwand zu verbinden in der Lage bist.

Mit folgenden 4 einfachen Schritten kannst Du den Flow-Zustand jederzeit einleiten:

1. Nimm, bevor Du beginnst, drei vollkommen bewusste, tiefe und lange Atemzüge. Konzentrier Dich in diesem Moment nur auf Deinen Atem. So lässt Du andere Gedanken gar nicht erst zu.

2. Fokussier Dich voll und ganz, mit all Deiner Aufmerksamkeit und Wahrnehmung (mit allen sechs Sinnen), auf den gegenwärtigen Moment. Zukunft und Vergangenheit existieren nicht.

3. Beginn langsam mit der Tätigkeit. Führ jede Bewegung und jeden Gedanken bewusst aus.

4. Bleib mit Deiner ganzen Aufmerksamkeit bei der Tätigkeit und lass keine unterbewussten Gedanken-Spinnereien zu. Bleib wach und präsent in Deiner Tätigkeit, und Du wirst sehen, wie Du sie dadurch zum Leben erweckst.

MICHAEL CSIKSZENTMIHALYI (PROFESSOR FÜR PSYCHOLOGIE UND AUTOR)

16.
Genieß den Prozess!

Flow bedeutet somit zugleich den Genuss des Moments. Wir sind im Hier und Jetzt und genießen jeden Aspekt der Tätigkeit, die wir gerade ausüben.

Im Ausblenden des Ergebnisses – das Du ohnehin noch nicht kennst – und dem Genuss des Moments, liegt wahre Motivation, Produktivität, Zeitmanagement und Effizienz verborgen.

Die Figur »Beppo Straßenkehrer« erklärt es in Michael Endes »Momo« besser, als wir es je beschreiben könnten:

»Wenn er so die Straßen kehrte, tat er es langsam, aber stetig: Bei jedem Schritt einen Atemzug und bei jedem Atemzug einen Besenstrich. Dazwischen blieb er manchmal ein Weilchen stehen und blickte nachdenklich vor sich hin. Und dann ging es wieder weiter: Schritt – Atemzug – Besenstrich.«

Bei diesem Ablauf kamen Beppo Straßenkehrer oft »große Gedanken«, schreibt Michael Ende, die er nach der Arbeit erklärte:

»Manchmal hat man eine sehr lange Straße vor sich. Man denkt, die ist so

schrecklich lang; das kann man niemals schaffen, denkt man.«
Beeile man sich, werde es immer anstrengender. Also denkt Beppo niemals an die Straße als Ganzes:

»Man muss nur an den nächsten Schritt denken, an den nächsten Atemzug, an den nächsten Besenstrich. (...) Dann macht es Freude; das ist wichtig, dann macht man seine Sache gut.«

Matthew McConaughey (Schauspieler) und Michael Ende (Schrifsteller)

17. Lebe im Moment!

Ganz ähnlich drückt es Paulo Coelho aus. Er erweitert diese Grundregel des Lebens um das Gesetz von Ursache und Wirkung.

Jeder Mensch besteht zu einem großen Teil aus einer Ansammlung seiner vergangenen Erfahrungen. Wir sind heute, was wir früher ge-tan und ausgelöst haben. Diese Erlebnisse und Prägungen haben zu unserer heutigen Einzigartigkeit geführt. Jeder Gedanke, jedes Gefühl und jede Handlung ist somit die Ursache einer neuen Wirkung, die wir dadurch in unserem Leben erschaffen haben.

Das bedeutet aber auch, dass unsere heutigen Gedanken, Gefühle und Handlungen unser morgiges »Ich« sowie unsere morgige Situati-on definieren. Das Leben im gegenwärtigen Moment in den Mittel-punkt zu stellen und bewusst zu (er)leben, ist daher die wohl mäch-tigste Geisteshaltung überhaupt. Auf der anderen Seite wird jeder Moment ständig durch einen neuen Moment ersetzt. Dieser Gedanke wirkt für uns immer wie eine extra Dosis Motivation.

Bist Du Dir dieser Funktionsweise unseres Universums bewusst, kannst Du aufhören, die Dinge vor Dir herzuschieben, in der Angst, sie nicht erledigen oder meistern zu können. Stattdessen erlaubt Dir diese Grundhaltung,

Dein Leben so intensiv und voll wie möglich zu leben, ohne später etwas zu bereuen.

Wie kannst du diese Empfehlung nun am besten in die Praxis umsetzen?

Verhalte Dich schon heute so, als wärst Du bereits erfolgreich!

Diese Philosophie kommt aus dem Englischen: »Fake it till you make it!« Dieses Prinzip orientiert sich an Deinen Standards. Indem Du Dich bereits wie eine erfolgreiche Person verhältst, erzeugst Du ein Gefühl der Fülle. Darüber hinaus trainierst Du auf diese Weise Deinem Gehirn den Erfolg an.

Fingiere also so lange, bis Du zu dem wirst, was Du imitierst, kopierst oder repräsentierst. Deine Standards sind nämlich entscheidend dafür, zu wem Du wirst und was Du in Deinem Le-ben erreichst oder nicht.

Damit ist natürlich nicht gemeint, dass Du falsch sein sollst. Stell Dir vielmehr die Frage:

Wer muss ich sein, um mich in den transformieren zu können, der ich sein will?

Vielleicht fällt Dir die Antwort leichter, wenn Du Dir überlegst, was ein Idol von Dir wohl in dieser oder jener Situation tun würde – oder die Person, die Du sein möchtest. Vielleicht hat ein super CEO immer ein offenes Ohr für seine Mitarbeiter, obwohl er gerade viel Arbeit hat? Oder ein guter Lebenspartner setzt alle Hebel und Gänge in Bewegung, um seinen Partner zu unterstützen?

Handle also heute schon so wie die Person, die Du morgen sein möchtest!

Paulo Coelho und Tony Robbins

18. Organisiere und mach Dich an Deine Bestimmung!

Mit den ersten 17 Tipps und Tricks hast Du die Grundlage für allgemeinen Erfolg in allen Lebensbereichen gelegt. Sie erlauben es Dir, vielfach über Dich selbst hinauszuwachsen. Wachstum ist gelebter Erfolg.

Vor allem das technologische Wachstum hat die letzten Jahrzehnte dominiert. Die Gesellschaft konnte mit diesem Turbowachstum von Technologie, Chancen und Möglichkeiten jedoch nicht Schritt halten. Die Gesellschaft von heute ist physiologisch noch auf steinzeitliche Ver¬hältnisse gepolt. Doch genau darin liegt eine riesige Chance!

Indem Du Dich dieser modernen Verhältnisse, Chancen und Möglichkeiten bewusst wirst und Dich dementsprechend gut organisierst, steht Dir die Zukunft offen. Während die meisten Menschen – häufig unsere Eltern – beispielsweise denken, dass man nur mit einem guten Universitätsabschluss etwas erreichen kann, sieht die Realität der meisten wirklich erfolgreichen Geschäftsleute völlig anders aus.

Viele von ihnen haben bereits früh ihren Ausbildungsweg abgebrochen und sich voll und ganz auf ihr eigenes Projekt konzentriert – denk an Steve Jobs, Robert Kiyosaki, Mark Zuckerberg, Larry Page und andere. Sie nutzten die Zeit, die sie dadurch gewannen, sehr viel effektiver als ihre ehemaligen Kommilitonen, Mitschüler oder Arbeitskollegen.

Während die anderen Dinge lernen mussten, die sie später zum großen Teil ohnehin nicht mehr brauchen, investieren erfolgreiche Geschäftsleute diese Zeit in ihr Unternehmen.

Versteh das bitte nicht als Aufruf, alles hinzuschmeißen. Diese Beispiele sollen sehr viel mehr Deine Inspiration für ein Konzept wecken, das sich durch die Selbstverwirklichung und die produktive Zeitinvestition in Dich und Deine Projekte auszeichnet.

Überleg Dir für Deinen Tages- und Jahresablauf, ob Du mit Deiner Zeit gerade eine Investition tätigst, die sich später in einer guten Form auszahlt, oder ob diese Zeit nutzlos verstreicht. Das Le-ben ist zu kurz, um seine Zeit zu vergeuden.

Nimm Dir für die richtigen Dinge die notwendige Zeit und out-source Dinge, die andere besser erledigen können.

Larry Page (Gründer von Google und Alphabet)

19.
Stillstand bedeutet Rückschritt: Mach konsequente Fortschritte!

Das Prinzip kontinuierlicher Weiterentwicklung ist für den persönlichen und unternehmerischen Erfolg maßgeblich. So gesehen bedeutet Stillstand Rückschritt.

Das ist der Grund, weshalb gerade Erfolgsspiralen mit kleinen Tageszielen oder gar »Mini-Babyzielen« so unglaublich wichtig sind (siehe Kapitel 31). Sie produzieren den notwendigen täglichen Fort-schritt, der auf lange Sicht jeden Erfolg auszeichnet.

Diese Funktionsweise lässt sich auch drastischer ausdrücken:

Wenn Du Deine Ziele erreichst, bedeutet das nur, dass Du sie nicht hoch genug gesetzt hast.

Setze deine Ziele also hoch genug und verfolge sie über Teilziele. Deine Teilziele sind wie ein Ball, den Du mit jedem Tag ein wenig weiter Richtung Tor beförderst. Solange Du Dich in die richtige Richtung bewegst, machst

Du Fortschritte, bist motiviert und verzeichnest Erfolge.

Lass dabei jedoch den Lerneffekt nicht außer Acht. Durch ihn wird der Ball, den Du anfangs vielleicht nur einige Zentimeter weit kickst, im Laufe der Zeit immer schneller und weiter rollen. Dieser soge-nannte Lerneffekt ist eine exponentiell ansteigende Kurve, die sich in bestimmten zeitlichen Abständen immer wieder verdoppelt. Sie bringt Dich Deinem Ziel somit, mit zunehmender Zeitdauer, immer schneller immer näher.

Was Du tun sollst? Arbeite ständig, wirklich jeden Tag, an Deinem Fortschritt. Mach Dir bewusst, dass Du, sobald Du stehen bleibst, wieder zurückfällst. Geh also an jenen Tagen, an denen Du möglicherweise nicht genügend Zeit oder Muße hast, wenigstens kleine Minischritte.

Das kannst Du am besten erreichen, wenn Du Dir regelmäßig Deiner Ziele bewusst wirst. Mach es zu Deiner Routine zu bestimmten Tageszeiten, an Deine (Teil-) Ziele zu denken. Während das vor dem Schlafengehen und direkt nach dem Aufstehen sehr wirkungsvoll ist, lohnt es sich auch, sich dieser auch während des Tages bewusst zu werden – zum Beispiel immer beim Mittagessen.

Dadurch rückst Du Deinen Fokus ins rechte Licht und schaffst es eher, Dich nicht von nervigen E-Mails, Telefonaten oder Internetsei-ten ablenken zu lassen.

BARACK OBAMA

20. Ablenkungen verringern, Impulsivität verringern

Wenn der Weg das Ziel ist, sind Ablenkungen die Felsspalten, die es zu vermeiden gilt. Die ausgeprägte Fähigkeit der Fokussierung ist eines der Erfolgsgeheimnisse. Fokussierung, auf eine einzige Sache, über einen längeren Zeitraum, ohne Unterbrechungen. Diese Geisteshal-tung erzeugt den Zustand des Flows, in dem Du extrem effizient und produktiv bist. Je impulsiver du aber bist, umso leichter lässt Du Dich ablenken, umso schwieriger kannst Du Dich konzentrieren und umso seltener gelangst Du in den Flow.

Erfolg bedeutet also auch, die uns geschenkte und limitierte Lebenszeit sinnvoll zu nutzen. Der Fernseher und das Internet sind die besten Beispiele jener Ablenkungen, die uns entweder genau davon abhalten oder aber unserem Ziel näherkommen lassen können. Es kommt alleine darauf an, wie wir diese Werkzeuge nutzen. Sie kön-nen uns das Leben auf der einen Seite enorm vereinfachen, uns bilden und uns in rasendem Tempo Informationen liefern. Auf der anderen Seite kann man selbst mit diesen Zielen schnell viel Zeit vergeuden, wenn man sich in den Programmen verliert oder sich von einem Link zum nächsten durchklickt.

Die sogenannte »Burnt-Ships«-Methode ist eine effektive Technik, um diesen Unwägbarkeiten aus dem Weg zu gehen. Angelehnt an Christoph Kolumbus, der die meisten seiner Schiffe verbrennen ließ, um eine Rückkehr unmöglich zu machen, will diese Methode alle Ablenkungen von Anfang an eliminieren. Das heißt in der Praxis: Handy in den Flugmodus, Internetverbindung trennen und den Fern-seher am besten verschenken.

Besonders effektiv ist es auch, sich während der Arbeit Kopfhörer mit anregender Musik aufzusetzen, um den Umgebungsgeräuschen zu entgehen. Die Ablenkung von vorneherein zu eliminieren, ist eine einfache und extrem effektive Methode, um Ablenkungen gar nicht erst aufkommen zu lassen.

Willst Du abnehmen?
Dann verbanne Zucker aus Deinem Haushalt.

Willst Du in Ruhe ein Buch lesen oder schreiben?
Dann geh raus in die Natur (ohne Internet) und lass Dein Handy zuhause.

Mach das Deinem Erfolg zuliebe, und Deine Produktivität wird neue Höhen erklimmen!

Richard Branson

21. So sprühst Du vor Energie

Wenn Du ein privates oder berufliches Unternehmen startest, verlangt es Dir insbesondere zu Beginn sehr viel Energie ab. Nehmen wir das Beispiel Selbstständigkeit. Ganz egal, ob Du diesen Weg als Nebenbeschäftigung gehst oder Dich hauptberuflich selbstständig machst. Um erfolgreich damit zu sein, musst Du wahrscheinlich lange Zeit mindestens doppelt so viel arbeiten wie ein »normaler« Arbeitnehmer.

Mit dieser Einschätzung stimmen übrigens alle von uns analysierten Unternehmer überein. Es war uns unmöglich, auch nur einen einzigen Erfolgsmenschen zu finden, dem alles einfach so zugeflogen ist, während er sich jahrelang die Sonne in der Südsee auf den Pelz hat scheinen lassen.

Um erfolgreich zu werden, muss man hart arbeiten!

Harte Arbeit verlangt Dir viel Energie ab. Und für diese Energie musst Du sorgen, indem Du zum Beispiel gesund und ausgewogen isst, für genügend Entspannungsphasen sorgst, ausreichend und erholsam schläfst, effizient und produktiv arbeitest, Dich von unnötigen Tätigkeiten freimachst,

Deine Batterien in der Natur auflädst und so weiter. Das eigene Energieniveau speist sich somit daraus, wie gut man auf sich selbst achtet, wie präsent man ist und wie sehr man das tut, wozu man Lust hat.

Dein Energielevel hat insofern auch ganz klar mit Motivation und Inspiration zu tun und ist damit ein weiterer Erfolgstreiber – sowohl für Deine Umwelt als auch für Dein Wohlbefinden und Fortkommen. Im Rahmen dessen solltest Du Dich auch mit Sprache und Körper-sprache auseinandersetzen. Den Großteil dessen, was Du sagst, transportierst Du nämlich nicht über den Inhalt, sondern über Deine Körpersprache. Deshalb zieht eine Person mit einem hohen Energieniveau andere Menschen mit nach oben.

So jemand kann eine ungeheure Dynamik auslösen. Man denke nur an den guten Verkäufer, der einem potenziellen Kunden selbst bei strahlendem Sonnenschein einen Regenschirm verkaufen kann. Dies tut er nicht mit logischen Argumenten. Er überzeugt stattdessen mittels positiver Emotionalität, Humor und den Wünschen, die er weckt.

Unsere besten Strategien und Techniken für ein konstant hohes Energieniveau enthüllen wir Dir im Rahmen der kommenden Tipps und Tricks.

Warren Buffett und Bill Gates

(Gründer von Microsoft und dereinst reichster Mann der Welt)

22.
So hältst Du Deinen Körper gesund und fit

Die körperliche Gesundheit und Fitness ist für die Qualität Deiner Gedanken und Gefühle enorm wichtig.

»In einem gesunden Körper wohnt ein gesunder Geist.«

Diese Jahrtausende alte Weisheit, Erfolg zu stärken, war bereits in der alten chinesischen Kultur kein Geheimnis. Sehr viele erfolgreiche Menschen haben miteinander gemein, dass sie sich aktiv und bewusst um Körper, Geist und Seele kümmern.

Sorg für körperliche Fitness und Ausdauer, indem Du täglich wenigstens eine halbe Stunde in der Natur an der frischen Luft verbringst und damit für ausreichend Sauerstoff sorgst. Insbesondere die Atmung wird bei Fragen rund um gute und ausgewogene Ernährung meistens vollkommen vernachlässigt. Dabei ist die Atmung (frische Luft) die wichtigste Nahrungsquelle des Menschen!

Beweg Dich also täglich an der frischen Luft und führ dabei idealerweise die Kohärenzübung aus Kapitel 38 durch. Damit schaffst Du eine enorm wichtige Grundlage. Du stärkst Deinen Körper, Deine Konzentrationsfähigkeit, Deine Gesundheit und Ausdauer, Dein Geist kommt zur Ruhe und kann neue Inspirationen sammeln.

Eine gesunde und ausgeglichene physische Ernährung sollte ins-besondere auf basische Lebensmittel zurückgreifen. Außerdem soll-test du darauf achten, dass mindestens 50 Prozent Deiner Nahrungs-mittel aus mehr als 70 Prozent Wasser bestehen. Damit verringerst Du den Energieverbrauch des Magen- und Darmtraktes und erhöhst zugleich Dein Energieniveau. Zudem sollte vor allem Wasser, das einen neutralen pH-Wert aufweist, das Getränk Deiner Wahl sein.

Achte zudem immer darauf, dass es Deinem Darm gut geht, denn er regelt unser Immunsystem. Geht es dem Darm schlecht, kann sich das negativ auf Deinen gesamten Körper auswirken! Es empfiehlt sich, zumindest zwei Mal im Jahr eine Darmkur zu machen und sich generell »darmfreundlich« zu ernähren. Dazu gehört ein geringer Zuckerkonsum und auch Getreidekonsum, denn der Körper wandelt Getreide in Zucker um. Gleichzeitig solltest Du hochwertige Fette und probiotische Lebensmittel zu Dir nehmen.

Gelingt es Dir, Körper und Geist positiv in Einklang zu bringen, bist Du für alle Aufgaben und Hindernisse gewappnet!

JAMIE OLIVER (STERNEKOCH)

23.
So bleibst Du doppelt so lange wach

Deine körperliche Konstitution ist extrem wichtig, um Deine Erfolgsgrundlagen zu erhöhen – zum Beispiel Produktivität und Konzentrationsfähigkeit. Darüber hinaus gibt es noch eine Reihe weiterer Herangehensweisen, Dein physiologisches Fundament zu stärken.

Die Verbesserung Deiner körperlichen Fitness, die Du zum Beispiel über Ausdauertraining erreichen kannst, gehört zu den langfristigen Investitionen in Deinen Körper. Die Vorteile sind auch dann bemerkbar, wenn Du einige Tage nicht trainierst.

Demgegenüber stehen kurzfristige »Aufputschmittel«. Dazu zählt insbesondere Koffein. Kaffee ist ein hervorragender Wachmacher. Leider ist seine Wirkung sehr kurzfristig und ungleichmäßig. Sie sorgt für ein kurzes Hoch, kippt anschließend jedoch in Müdigkeit um. Eine gleichmäßigere und länger anhaltende Wirkung erzeugen vor allem Grüner Tee, Mate oder Matcha. Sie sind gesunde Alternativen – auch in Bezug auf die bereits angesprochene Kohärenz von Körper und Geist.

Ein weiterer Schlüssel, der Dir gerade dabei hilft auch abends noch wach und produktiv zu sein, ist wenig und leicht zu essen. Warum? Die Magen- und Darmtätigkeit des Körpers beansprucht in etwa ein Drittel des gesamten Energieverbrauchs des Körpers. Die Verdauungstätigkeit ist somit extrem energieintensiv! Deshalb fühlen wir uns nach schwerem Essen so müde, das Aufstehen fällt uns schwerer, und wir sind kaum in der Lage, uns zu konzentrieren.

Der Schlaf nach einem üppigen Abendessen ist weniger erholsam als nach einem leichten Abendessen. Schließlich konnte sich Dein Körper aufgrund der nächtlichen Verdauungstätigkeit nicht vollständig regenerieren.

Mit einfachen Tipps kannst Du auch hier eine deut-liche Steigerung Deiner Leistungsfähigkeit erzielen:

- Vermeide es generell, nach 17 Uhr noch etwas (Schweres) zu essen.
- Iss leicht und bevorzuge basische Kost mit mehr als 70 Prozent Wasseranteil (Du bist, was Du isst).
- Versorg Dich mit ausreichend Mineralstoffen wie zum Beispiel Magnesium und Calcium.
- Vermeide künstlichen Zucker und Alkohol und bevorzuge reichlich Wasser, Fruchtzucker, Nüsse und Ingwer.
- Hör auf zu essen, bevor Du satt bist, da das Sättigungsgefühl 10 bis 15 Minuten verzögert eintritt.

Darüber hinaus gibt es noch eine ganze Reihe weiterer Tipps, die Dir dabei helfen, wach und klar zu sein und so Deine Erfolgsgrundlage zu steigern. Sie verschaffen Dir mehr Zeit, lassen Dich ausgeruhter und produktiver sein und erzeugen einen klareren Geist. Das verbessert Deine Entscheidungsqualität:

- Nimm eine kalte Dusche.
- Beweg Dich ausreichend.

• Zieh mehrmals vorsichtig Deine Ohrläppchen nach unten.
• Balle Deine Hände mehrmals hintereinander kräftig zu Fäusten.
• Nimm zehn tiefe, kräftige und rhythmische Atemzüge an der frischen Luft.
• Setz Dich täglich eine halbe Stunde dem Sonnenlicht aus – das führt zur Vitamin-D-Produktion.
• Hör anregende und motivierende Musik (Kopfhörer verringern Ablenkungen).

24.
So schläfst Du weniger und wirst aktiver

Ohne Produktivität ist Erfolg – ganz egal in welchem Bereich – eine utopische Vorstellung. Der physiologisch wichtigste Aspekt dafür ist der Schlaf. Unser Körper und folglich auch unsere Emotions-, Gefühls- und Gedankenwelt spielen verrückt (sind nicht kohärent), wenn wir an Schlafmangel leiden.

Qualitativ guter und ausreichender Schlaf ist essenziell, um körperlich auf der Höhe zu bleiben und in der Folge die Kontrolle über unsere Gedanken und Gefühle zu behalten. Wie kannst Du nun Deinen Schlaf optimieren? Zunächst ist es wichtig, zu verstehen, dass der Schlaf die Tätigkeit in unserem Leben ist, die wir mehr als alles andere ausüben. Wir »verschlafen« etwa ein Drittel unseres Lebens. Das zeigt, dass Schlaf wirklich wichtig für uns sein sollte. Zum einen sorgt er für die Regeneration und ein gesundes Gehirn, und zum anderen stärkt er unsere Erinnerungen. Wenn wir lernen und anschließend schlafen, behalten wir das Neugelernte deutlich besser, länger und assoziieren es besser mit anderen Erinnerungen.

Je besser Dein Schlaf ist, umso höher ist Deine Lebensqualität und umgekehrt. Sind wir also körperlich und geistig ausgelastet, erfüllt und

glücklich, schlafen wir qualitativ deutlich besser. Das wiederum verbessert unsere Lebensqualität und damit wiederum unsere Schlafqualität. Je höher die Schlafqualität ist, umso weniger Schlaf benötigen wir.
Eine riesige Studie mit mehr als 1,2 Millionen Menschen zeigte sogar, dass jene Menschen am längsten leben, die nicht länger als ungefähr sechseinhalb Stunden pro Nacht schlafen. Gesunde Menschen brauchen also weniger Schlaf.

Vermeide dementsprechend Dinge, die Deine Schlafqualität verschlechtern oder Deinen Mitochondrien (den Energieproduzenten in Deinem Körper) schaden. Die Qualität Deiner Mitochondrien verbesserst Du zum Beispiel mit der Einnahme von Magnesium, GABA, rohem Honig oder Kräutertee vor dem Schlafengehen. Außerdem sollte die Luft in Deinem Schlafzimmer nicht wärmer als 20 Grad Celsius sein. Darüber hinaus kannst Du Apps nutzen, die Deine Schlafzyklen analysieren und Dich genau dann wecken, wenn Du optimal ausgeruht bist.

Welche Tricks gibt es noch? Wenn Du auf Deine innere Uhr achtest, wirst Du rasch bemerken, wann Dein Körper oder Dein Geist erschöpft sind. Gönne ihnen eine Ruhepause! Das schaffst Du entweder mit Meditation oder einem kurzen Schlaf (Englisch: »Nap«).

Meditation, also körperliche und geistige Ruhe, erfrischt und macht fit. Ein sogenannter »Powernap«, der idealerweise zwischen 13 und 15 Uhr durchzuführen ist, ist ebenfalls eine Methode, Deine geistige und körperliche Wachheit enorm zu verbessern. Um die Wirkung allerdings nicht zu verfehlen, musst Du nach maximal einer halben Stunde (besser nach 20 Minuten) wieder aufstehen.

Für Deinen persönlichen und unternehmerischen Erfolg solltest Du es Dir außerdem zur Routine machen, eine Stunde früher aufzustehen, als Du eigentlich geplant hast. Diese Stunde nutzt Du ausschließlich für Dich und Deinen Erfolg (Du checkst beispielsweise keine E-Mails). So wirst Du nicht nur Deine Resultate verbessern, sondern auch ein ganz neues Motivationslevel erreichen.

Penny Lewis (Neurowissenschaftlerin) und Sadhguru (spiritueller Lehrer)

25. Befolge erfolgreiche Routinen!

Die Wissenschaft des Erfolges ist keineswegs eine junge Disziplin. Sie beschäftigte schon vor etwa 2.500 Jahren die antiken Philosophen und Denker. Insbesondere Aristoteles hatte bereits damals einen enormen Wissensschatz und prägte ein bis heute gültiges Zitat:

»Wir sind, was wir wiederholt tun. Daher ist Exzellenz kein einmaliger Akt, sondern eine Gewohnheit.«

Aristoteles war also völlig bewusst, dass ein Mensch sowohl positive als auch negative Gewohnheiten annehmen konnte. Je nachdem ob Deine Gewohnheiten also Erfolg fördernd oder Erfolg schwächend sind, wird sich dies auch in Deinem Leben äußern.

Heute wissen wir ziemlich genau, dass etwa 95 Prozent von allem, was wir tun, ein Resultat unserer Gewohnheiten ist. Sich positive, Erfolg fördernde und zielorientierte Gewohnheiten anzueignen, ist somit eines der wichtigsten Gesetze überhaupt. Brian Tracy hat einen einfachen Leitfaden formuliert, der rasch darüber Auskunft gibt, ob eine Gewohnheit gut oder schlecht ist:

»Gute Gewohnheiten sind hart zu formen, aber es ist einfach, damit zu leben. Schlechte Gewohnheiten sind einfach zu formen, aber es ist schwer, damit zu leben.«

Letzten Endes wissen wir sehr gut, welche Gewohnheiten gut und welche schlecht sind. Sie zu kreieren oder zu ändern erfordert jedoch oftmals harte Arbeit. Glücklicherweise gibt es eine pauschale Formel, wie Du eine gute Gewohnheit schaffst:

Jede Gewohnheit entsteht durch Wiederholung.

Willst Du gute Gewohnheiten auch nachhaltig in Dein Leben integrieren, brauchst Du dafür ungefähr 66 Tage. Über die Wiederholung baust Du ein sogenanntes Momentum auf (eine Erfolgsspirale, siehe Kapitel 28), das wiederum selbstverstärkend wirkt und deshalb auf keinen Fall länger als einen Tag unterbrochen werden sollte.

Um dieser Gefahr schon von vorneherein aus dem Weg zu gehen, solltest Du Deine Gewohnheiten in möglichst viele kleine Einzelschritte unterteilen. Diese sind einfacher aufrechtzuerhalten und auch mit minimalem Zeitaufwand durchzuführen. Zudem lernt unser Gehirn über Wiederholungen. Deine Gewohnheiten also mehrmals pro Tag zu wiederholen, ist ein Weg, Deinen Erfolg enorm zu beschleunigen.

»Ich fürchte nicht den Mann, der 10.000 Tritte einmal trainiert, aber ich fürchte den Mann, der einen Tritt 10.000 Mal trainiert.«

(Bruce Lee)

Das »Neuroscience Journal« gab an, dass bereits 50 Wiederholungen ausreichen können, um eine neue Gewohnheit zu schaffen. Je schneller Du diese 50 Wiederholungen also erreichst, umso schneller wirst Du eine neue Gewohnheit festigen. Trotzdem gilt: Je mehr, umso besser!

Eine weitere Möglichkeit, Deine Gewohnheiten noch schneller und nachhaltiger zu verändern, ist die Wahl Deiner Bezugsgruppe – Menschen, mit denen Du Zeit verbringst. Indem Du deine Bezugsgruppe änderst, gleichst Du automatisch Deine Gewohnheiten an.

Wähl also eine Gruppe von 5 Menschen, die für Dich besonders gute Gewohnheiten implementiert haben, und Du wirst diese von ganz alleine annehmen.

ARISTOTELES (PHILOSOPH) UND BRIAN TRACY (AUTOR UND TRAINER)

26. Die Morgenroutine der Erfolgreichsten

Die vielleicht wichtigste Erfolgsgewohnheit überhaupt ist die sogenannte Morgenroutine. Sie unterscheidet alle erfolgreichen Menschen von den weniger erfolgreichen. Es gibt kaum einen erfolgreichen Menschen, der nicht auch eine produktive und erfolgsgenerierende Morgenroutine hat.

Wie Du Deine Morgenroutine auf Dich individuell zuschneidest, musst Du selbst herausfinden, indem Du die für Dich wirksamsten Methoden und Techniken in ein Ablaufschema integrierst, das Du jeden Morgen identisch wiederholst. Das erzeugt zugleich Erfolgsspiralen, bietet Deinem Gehirn Sicherheit und senkt somit Dein Stressniveau. Wir können Dir lediglich Gemeinsamkeiten in den Morgenroutinen erfolgreicher Menschen aufzeigen, die für sie erwiesenermaßen funktionieren.

- Trinken: Morgens ist unser Wasserhaushalt geschwächt. Füll ihn direkt mit einem Glas Wasser auf. Das regt außerdem Deinen Stoffwechsel an und hilft dem Körper bei der Entgiftung.
- Meditation: Indem Du morgens meditierst, beruhigst Du Deinen Geist und startest ausgeglichen und aufmerksam in den Tag.

• Selbstbeeinflussung: Nutz autosuggestive Methoden wie Affirmationen und Visualisierungen.
• Reflektieren: Überleg Dir anhand der To-do-Liste, die Du am Vorabend erstellt hast, wie und in welcher Reihenfolge Du Deine heutigen Aufgaben meisterst.
• Körperliche Ertüchtigung: Bring Deinen Körper mit einigen Liegestützen, Push-ups oder einer Runde Joggen in Schwung.
• Weiterbildung: Erfolgreiche Menschen lesen morgens Erfolgsliteratur oder bilden sich weiter.

Überleg Dir, wie Deine persönliche, perfekte Morgenroutine aussehen sollte, die Du ab sofort durchführst. Sie kann so simpel sein wie Duschen, Zähne putzen und sich recken und strecken. Wichtig ist, dass Du überhaupt eine Morgenroutine in Dein Leben integrierst und Dich so fit für den Tag machst. Der Kern der Morgenroutine ist, dass Du Dir Zeit für Dich nimmst und solche wichtigen Dinge tust, für die im Laufe des Tages keine Zeit mehr übrig ist und die deshalb vernachlässigt werden. Diese Dinge und die eigene Organisation sind aber die Grundlage Deines Wohlbefindens, Deiner Motivation und Produktivität.

Eine Morgenroutine sorgt daher für einen massiven Motivationsschub. Du hast Deiner persönlichen Weiterentwicklung Zeit geschenkt, Deinen Körper und Geist trainiert und Deine Aufgaben für den heutigen Tag bereits durchgeplant. Nun kannst Du mit Selbstvertrauen in den Tag starten und musst die Erfolgsaufgaben nur Stück für Stück noch abarbeiten.
Denk daran: Die Morgenroutine definiert Deinen Erfolg mehr als alle anderen Tätigkeiten zusammen! Fang am besten direkt damit an.

ARNOLD SCHWARZENEGGER
(MR. OLYMPIA UND GOUVERNEUR VON KALIFORNIEN)

27. Die ultimative Motivationsformel

Ganz gleich, welche Ziele und Träume Du verfolgst: Ohne ein Übermaß an Motivation lassen sie sich kaum erreichen. Insofern ist es wichtig, die an der Motivation beteiligten Variablen zu kennen und entsprechend zu beeinflussen.

Deine Motivationsfähigkeit für ein Ziel lässt sich anhand folgender Formel darstellen:

$$\text{Motivation} = \frac{\text{Erwartungen} \cdot \text{Wert (Nutzen)}}{\text{Impulsivität} \cdot \text{Verspätung}}$$

»Motivation« ist das, wovon Du immer noch mehr willst und nie genug haben kannst. Feuer, Energie und Aufregung! Es ist genau das, was uns antreibt, unsere Ziele zu erreichen und erfolgreich zu werden. Die Motivation ist also der zentrale Wert, der unbedingt maximiert werden muss.

»Erwartungen« bezeichnen Dein Erfolgsvertrauen. Wenn Du Dir sicher bist, dass Du gewinnen wirst, dann ist Deine Motivation automatisch hoch. »Wert« beziehungsweise »Nutzen« bedeutet, wie vielversprechend der

Abschluss einer Aufgabe ist und wie viel Spaß man währenddessen haben wird. Wenn Du also an Zielen arbeitest, die für Dich wichtig sind, ist die Motivation hoch. Tust Du sinnlose und langweilige Dinge, sinkt die Motivation.

»Impulsivität« ist das Gegenteil von Konzentrationsfähigkeit. Wie einfach oder schwer lässt Du Dich ablenken? Je mehr Dinge Du gerade lieber tätest, umso höher ist Deine Impulsivität, und umso niedriger ist Deine Motivation. »Verspätung« bezieht sich darauf, wie weit in der Ferne die Belohnung für die Erledigung der Aufgabe liegt. Das ist der Faktor, der am schwierigsten zu manipulieren ist, doch auch das ist möglich und garantiert einen großen Motivationsgewinn.

Mit der Kenntnis der Faktoren der Motivationsgleichung kannst Du nun eine Variable nach der anderen maximieren oder minimieren. Schlussendlich maximierst Du Deine Motivation mithilfe hoher Erwartungen und hohem Wert bei gleichzeitig niedriger Impulsivität und geringer Verspätung.

Eine gute Stütze für die Prioritätensetzung kann es sein, wenn Du Dir bei Deinen täglichen Aufgaben überlegst, wie stark Deine Motivation für die verschiedenen Aufgaben ist.

Für uns hat sich folgende Vorgehensweise bewährt: Wenn Deine Motivation morgens nach Deiner Morgenroutine übersprudelt, dann erledige zuerst die schwierigste Aufgabe beziehungsweise diejenige, für die Du die geringste Motivation hast. Dadurch stellst Du sicher, dass Du Dein Maximum an Motivation dafür aufwendest.

Im Laufe des Tages wird es nämlich nicht einfacher, sondern sehr wahrscheinlich schwieriger. Hinzu kommt, dass Du diese elende, noch zu erledigende Aufgabe immer im Hinterkopf haben wirst. Das lenkt ab und konterkariert alle weiteren Tätigkeiten.

Für den weiteren Verlauf empfehlen wir, kleinere »Motivationsaufgaben« immer dann einzusetzen, wenn Du nach einer Aufgabe merkst, dass Deine Motivation nachlassen könnte. Dann erledigst Du am besten direkt eine Aufgabe, für die Du eine hohe Motivation verspürst, um Dein Motivationslevel wieder anzuheben. Am besten etwas, dass schnell erledigt ist und daher ein schnelles Erfolgserlebnis verspricht. Anschließend hast Du dann wieder genügend Motivation, um effizient und mit Elan eine Aufgabe mit geringer Motivation anzugehen.

NICK WINTER
(UNTERNEHMER UND MOTIVATIONSKÜNSTLER)

28. So erzeugst Du Erfolgsspiralen

In diesem Schritt kannst Du Deine etwaigen Misserfolge oder gar Misserfolgsspiralen mithilfe der Motivationsformel in Erfolgsspiralen verwandeln.
Den Aufbau von Motivations- und Erfolgsspiralen zu verstehen, ist extrem wichtig. Gerade Ziele, die sehr groß wirken, demotivieren häufig. Doch dagegen gibt es eine ganz einfache und erprobte Vorgehensweise:

Teil Deine größeren Ziele so lange in kleinere Teil- und Tagesziele ein, bis Du Dir sicher bist, sie tagtäglich erledigen zu können. Geh diesen Schritt mit mehreren Zielen, sodass Du auf einem Blatt zwischen 10 und 20 »Babyziele« festgehalten hast, die Du jeden Tag – komme was wolle – erledigst.

Für die größeren Gesamtziele setzt Du Dir dabei unbedingt Zeitrahmen – zum Beispiel Visualisieren und Affirmieren für vier Wochen, Joggen für sechs Wochen. Dann sollte dieses Ziel vorerst abgeschlossen sein. Das muss jedoch nicht heißen, dass Du daran nicht weitermachen könntest. Psychologisch ist es jedoch wichtig, das Ziel erst einmal erreicht zu haben und auf dem Weg dahin das Gefühl zu haben, es erreichen zu können.

Das Wichtigste bei dieser unvergleichlich kraftvollen Motivationsmethode von Nick Winter ist, dass Du tun wirst, was Du festgelegt hast – komme was wolle. Stiehl Dich niemals heraus und führ jeden Deiner Punkte konsequent und im Bewusstsein seiner Wichtigkeit im Hinblick auf die Ausbildung von Gewohnheiten aus.

Dadurch steigerst Du nicht nur Deine Erwartung, sondern auch den Wert des Ziels. Zugleich minimierst Du die Faktoren Verspätung und Impulsivität, da jedes Tagesziel an sich relativ klein ist. Antizipiere also alle potenziellen Hindernisse und mach jedes Babyziel anschließend so klein, dass Du es selbst an einem »vollgestopften« Tag erreichen kannst. Die positiven Auswirkungen dieser Technik sind astronomisch!

29.
So hackst Du Deine Motivation

Erfolg und Motivation sind zwei Variablen, die sich entweder gegenseitig verstärken oder schwächen. Maximierst Du Deine Motivation, Tag für Tag wichtige Projekte, Tätigkeiten und Gewohnheiten zu praktizieren, steigt Dein Erfolgsniveau.

Neben der genannten Erfolgsspirale und der »Burnt-Ships-Methode« gibt es noch einige weitere, extrem wirkungsvolle »Hacks« (Englisch für Trick, Abkürzung, Manipulation), die Du für die Maximierung Deiner Motivation nutzen kannst. Je mehr Hacks du auf einmal nutzt, umso stärker wird die Wirkung, da sie sich gegenseitig potenzieren.

Statt Dich morgens noch einmal umzudrehen und Dich anschließend aus dem Bett zu quälen, wirst Du dermaßen vor Motivation sprühen, dass Du abends nicht abwarten kannst, morgens wieder aufzustehen!

1. Setz Dir unbedingt Zeitrahmen für die Erledigung von Tätigkeiten. Setze diese Zeitrahmen deutlich kürzer, als Du dies normalerweise tätest.

2. Such Dir ausschließlich Ziele, die Dich herausfordern, die Dir Respekt

einflößen oder die Dir wirklich nützen. Denn gerade »Motivationshacker« laufen Gefahr, die »falschen« Ziele zu verfolgen und zu erreichen!

3. Tu mehr Dinge, die Dir Spaß bereiten und die Du genießt und eliminiere Tätigkeiten mit niedrigem Motivationswert! Dadurch steigt der Wert und Nutzen der Tätigkeit enorm.

4. Reduziere die Verspätung von Belohnungen. Strukturiere Deine Ziele durch die Einteilung in kleinere Teilziele so, dass die wahrgenommene Verspätung abnimmt. Je besser Deine Ziele strukturiert sind, umso weniger bist Du von Deiner Willenskraft abhängig, sie zu verfolgen und zu erreichen.

5. Du »kannst« jetzt noch nicht mit der Verfolgung Deines Ziels beginnen? Dann such Dir einen Zeitpunkt, der relativ nah in der Zukunft liegt. Diesem Zeitpunkt verpflichtest Du Dich voll und ganz, Dich der Sache anzunehmen.

6. Diesen Mechanismus kannst Du noch verstärken, indem Du das sogenannte »Pre-Commitment« nutzt: Du kündigst Dein Ziel öffentlich an.

7. Du hast trotzdem Motivationsprobleme? Dann wird es Zeit für den ultimativen Hack. Erstelle einen Plan, der so haarklein, detailliert und idiotensicher aufgebaut ist, dass es unmöglich ist, zu scheitern. Damit steigerst Du den Faktor Erwartung enorm. Investiere also genügend Zeit in diesen Plan und ziehe ihn anschließend gnadenlos durch – komme was wolle!

8. Der letzte ultimative Motivationshack ist, Dir eine neue Umgebung zu schaffen. Eine Umgebung, in der ausschließlich Arbeit erlaubt ist. Dazu zählen zum Beispiel die Stadt- bzw. Unibibliothek, Coworking-Spaces, der Balkon, eine abgelegene Hütte und vieles mehr.

30.
Schaff eine Geisteshaltung des Wachstums!

Einen Plan zu verfolgen, ist vergleichbar damit, einen gepflanzten Samen auf einem Stückchen trockener Erde zu gießen. Zunächst braucht es Zeit und Geduld, bis sich daraus ein Pflänzchen entwickelt. Vergisst Du auch nur einen einzigen Tag das Gießen, gefährdest Du damit das gesamte Projekt. Kümmerst Du Dich aber konsequent und kontinuierlich darum, wird daraus ein ausgeprägtes Wurzelwerk mit einem kräftigen Stamm. Die Pflanze wird schließlich sogar ihr Ziel erreichen und auch ohne Deine Hilfe existieren können. Konstantes Wachstum wird im Laufe der Zeit immer zu selbst verstärkendem Erfolg.

Muhammad Ali zum Beispiel war vielen seiner Gegner physisch weit unterlegen. Sie waren größer, kräftiger oder schwerer. Trotzdem schaffte er es immer wieder, sie zu besiegen. Worin lag seine Stärke? Er selbst erklärte, dass es an seiner Vorbereitung auf seine Gegner sowie an seiner Einstellung lag, mit jeder Trainingseinheit und jedem Kampf noch besser zu werden. Dafür analysierte er seine Gegner, versuchte ihre Strategie zu verstehen und unterhielt sich sogar mit Menschen, die seinen Gegner kannten, um Schwachstellen herauszufinden.

Eine Geisteshaltung des Wachstums bedeutet, mit den Dir zur Verfügung stehenden Ressourcen über alle Schwierigkeiten und Hindernisse hinauszuwachsen. Wer dabei an das Aufhören denkt, hat bereits verloren. Es gilt also: Kontinuierlich üben, üben, üben.

Eine der einfachsten und effektivsten Wachstumsübungen besteht darin, jeden neuen Tag etwas besser zu machen als den vorherigen Tag. Auf diese Weise bewegst Du Dich von Tag zu Tag auf ein höheres Niveau zu und garantierst das Wachstum Deiner Persönlichkeit und die Weiterentwicklung Deiner Stärken.

Eine ähnliche Herangehensweise ist das »1-Prozent-Wachs¬tums-prinzip«. Diese mentale Übung besteht darin, sich jeden Tag in allen Bereichen um ein Prozent zu steigern. Trainiere ein Prozent härter, arbeite ein Prozent länger an Deinem Projekt, kümmere Dich ein Prozent mehr um Deine Gesundheit, hilf anderen ein Prozent mehr, als Du es sonst tust.

»Auf der extra Meile ist niemals Stau.«

(Adam Chudy)

Mit dieser einfachen Technik garantierst Du nicht nur eine steile Lernkurve und eine Geisteshaltung des Wachstums, sondern Du vergrößerst auch Deinen Vorsprung gegenüber dem Durchschnitt. Schließlich steigerst Du Deine Leistungen von Tag zu Tag.

Indem Du diese sogenannte Extrameile gehst, befindest Du Dich automatisch auf dem Pfad der Exzellenz. Zudem nutzt Du das mathematische Gesetz des exponenziellen Wachstums. Denn ein Prozent täglich führt in 30 Tagen nicht zu einer Steigerung von 30, sondern von knapp 35 Einheiten. Bei zusätzlichen fünf Prozent täglich führt diese Gesetzmäßigkeit sogar zu einem Anstieg von 332 Einheiten!

Muhammad Ali

31.
Denk groß und kreiere Deine Vision!

Deine Standards sind das, wonach Du lebst. Je nachdem ob Du hohe oder niedrige Standards hast, wirst Du versuchen, hohe oder niedrige Standards zu erfüllen.

Indem Du Deine Standards anhebst, setzt Du Dich indirekt unter Druck, Deine Leistung dementsprechend zu verbessern, damit sie Deinen neuen Standards genügen.

Dieser Trick ist als das »Denke-groß-Mindset« bekannt. Das heißt, dass unsere Ziele immer ausreichend groß oder sogar deutlich größer sein sollten, als es für die Erreichung des ursprünglichen Ziels eigentlich notwendig gewesen wäre. Mit diesem psychologischen Trick provozierst Du Druck und steigerst Deine Einsatzbereitschaft. Schließlich musst Du Dich für große Ziele deutlich mehr anstrengen.

Außerdem verlangen große Ziele, dass Du über Deine Komfortzone hinausgehen musst. Sie helfen damit Deinem Wachstum und Fortschritt besonders. Große Ziele bringen Dich automatisch dazu, groß zu denken.

Dadurch wirst Du immer mehr zu der Person, die Du tatsächlich sein willst und die Du sein musst, um Deine Ziele auch tatsächlich zu erreichen.

Doch auch wenn Du groß denkst und hohe Ziele verfolgst, ist ein Aktionsplan, den Du konsequent verfolgst, unumgänglich. Mit ihm kannst Du dann aber alles erreichen.

»Ich denke, dass es meistens einfacher ist, Fortschritt bei den extrem ehrgeizigen Träumen zu machen. Weil kein anderer verrückt genug ist, das zu tun, hast Du wenig Konkurrenz. Tatsächlich gibt es so wenige so verrückte Leute, dass ich das Gefühl habe, sie alle beim Vornamen zu kennen.«

LARRY PAGE

Trau Dich also, groß zu denken. Je größer Du denkst, desto weniger Mitbewerber wirst Du haben. Schließlich scheinen die großen und verrückten Ziele sehr viel schwieriger erreichbar zu sein. Auf den zweiten Blick entpuppen sie sich jedoch häufig als einfacher umzusetzen und deutlich erfolgsträchtiger, da Du ein größeres Publikum ansprichst und zudem die Anzahl Deiner Konkurrenten exorbitant abnimmt. Alles was Du dafür benötigst, ist eine Vision. Eine Vision ist ein Endzustand, an den Du gelangen möchtest. Sie steht als Leitziel über allen konkreten langfristigen Zielen und Zwischenzielen, die Du dafür erreichen musst. Die Mission von Google ist es zum Beispiel die Informationen aus aller Welt zu organisieren und sie universell zugänglich und nutzbar zu machen. Die Vision geht darüber hinaus: Google möchte den Zugang zu den Informationen der Welt mit nur einem einzigen Klick ermöglichen.

Eine Vision ist also auch für die Unternehmenskultur entscheidend. Sie sorgt dafür, dass jeder über die höheren Ziele informiert ist. Somit können alle konsequent an einem Strang ziehen und in die korrekte Richtung gehen. Visionen geben sowohl Individuen als auch Organisationen Klarheit und Stärke und beugen Motivationsmangel oder Selbstzufriedenheit vor.

Was ist Deine Lebensvision?

DAVID SCHWARTZ (PROFESSOR UND AUTOR) UND LARRY PAGE

32.
Investiere in Dich selbst und lern lebenslang!

Die Kombination aus theoretischem und praktischem Lernen scheint ein weiterer gemeinsamer Nenner aller erfolgreicher Personen zu sein.

»Wer es versteht zu lesen, zu lernen und das Gelernte praktisch anzuwenden, wird in seinem Leben garantiert erfolgreich werden.«

So die destillierte Aussage der erfolgreichsten Menschen aller Zeiten.

»Man sollte vor allem in sich selber investieren.
Das ist die einzige Investition, die sich tausendfach auszahlt.«

Diese Aussage stammt von Warren Buffett. Erfolgreiche Menschen glauben deshalb an sich, weil sie sich ein großes Hintergrundwissen angeeignet haben und ihre spezifischen, praktischen Fähigkeiten bereits tausendfach geübt und unter Beweis gestellt haben. Sie haben über viele Jahre oder Jahrzehnte viel Zeit in sich selbst investiert und dadurch ihren Erfolg erst ins Rollen gebracht. Sie arbeiten ständig an sich, dem Ausbau ihrer Fähigkeiten und haben sich durch viele kleine und größere Erfolge das nötige Selbstbewusstsein angeeignet, um davon überzeugt sein zu können, dass sie wirklich alles schaffen können.

Die Investition in sich selbst bedeutet auch, sich der Idee des lebenslangen Lernens zu öffnen. Wer dazu bereit ist, wird immer Fortschritt und Wachstum und damit Erfolg erfahren.

Dabei gibt es eine interessante Faustregel. Sie besagt, dass Du bis zu einem Vermögen von 100.000 Euro noch gar nicht daran denken solltest, dieses Geld anderweitig anzulegen und damit Deine Liquidität einzuschränken. Stattdessen sollest Du damit beginnen, das Geld in Dich zu investieren.

Das können Bücher, Coachings, Ausbildungen, Fortbildungen, Seminare oder Konferenzen sein. Dies stimmt mit Buddhas Ratschlag überein, einen Teil unseres Einkommens in uns beziehungsweise unser Geschäft zu reinvestieren (siehe Kapitel 80). Auf diese Weise erweiterst Du nicht nur Dein theoretisches Wissen, sondern auch Deine praktischen Fähigkeiten und errichtest zugleich – da Du Dich unter Gleichgesinnten befindest – ein wertvolles Netzwerk.

»In meine Zukunft zu investieren, war das lohnendste Investment, das ich je gemacht habe«, so Tucker Hughes. »Lest mindestens 30 Minuten pro Tag, hört euch wichtige Podcasts an, während ihr unterwegs seid, und sucht nach Mentoren. Ihr müsst nicht nur ein Ass auf Eurem Gebiet sein, sondern ein vielseitiges Genie, das über alle Themen sprechen kann – von Finanzen über Politik bis hin zu Sport. Werdet süchtig nach Wissen und setzt eure Anstrengungen zu lernen über alles andere.«

Dieser Strategie sollen wir gemäß der Faustregel bis zu einem ersparten Guthaben von 100.000 Euro treu bleiben. Erst dann sollen wir überhaupt erst damit beginnen, darüber nachzudenken, das überschüssige Kapital anzulegen.

WARREN BUFFETT, GRANT CARDONE UND TUCKER HUGHES (IMMOBILIENBERATER)

33.
Lies, lies, lies!

Die kostengünstigste und nicht selten profitabelste Selbstinvestition sind Bücher. Man wird kaum einen erfolgreichen Menschen finden, der nicht häufig und konsequent liest.

Warren Buffett liest nach eigenen Aussagen mindestens fünf bis sechs Stunden täglich – und das noch selbst im Alter von 86 Jahren! Er studiert jeden Tag fünf Tageszeitungen, liest Magazine, Bilanzen und Jahresabschlüsse sowie Bücher (meistens Autobiografien).

Viele erfolgreiche Menschen haben sich bereits vor Jahren Lern- und Lesetechniken angeeignet, um den Lernstoff schneller erfassen und verankern zu können. Buffett hatte beispielsweise bereits im Alter von zwölf Jahren jedes Buch über Investitionen in seiner lokalen Bibliothek gelesen. Man kann also, ob des überwältigenden und für Börsenverhältnisse überaus langfristigen Erfolges, weder von Zufall, noch von Glück sprechen. Er selbst hat sich zu einer der größten Investorenlegenden aller Zeiten gemacht. Das ist nicht mehr als eine logische Konsequenz aus extrem großer Erfahrung und außerordentlichem Wissensschatz.

Im englischen Sprachgebrauch existiert dazu der Ausspruch:

»Readers are Leaders.«

Leider werden uns häufig bereits in der Schule der Spaß und die Freude am Lesen genommen. Dabei fördert kaum eine andere Tätigkeit unsere Fantasie, Vorstellungskraft und Kreativität in gleichem Maße wie das Lesen.

Darüber hinaus ist es nach wie vor eine der effektivsten Lern- und Weiterbildungsmethoden überhaupt. Die Liste Deiner persönlichen Erfolgsspirale sollte daher auf jeden Fall einen Lesezeitraum von mindestens zehn Minuten täglich beinhalten. Aus zehn Minuten wird durchschnittlich ein Buch pro Monat – das sind zwölf Bücher pro Jahr. Das entspricht dem Fünf-Jahres-Durchschnitt der westeuropäischen Bevölkerung. Mit einer Lesezeit von einer halben Stunde täglich würdest Du also in einem Jahr ungefähr genauso viel lesen wie andere Menschen in 15 Jahren!

Der Internet-Unternehmer Tai Lopez empfiehlt uns sogar, ein Buch pro Tag zu lesen. Mit etwas Übung und gewissen Schnelllesetechniken ist das in durchschnittlich zwei Stunden machbar. Wenn wir uns nun vorstellen, dass jedes Buch immer mindestens einen Aspekt beinhaltet, der unserer Entwicklung förderlich ist, eignen wir uns Monat für Monat etwa 30 neue, erkenntnisreiche Facetten an. Jede einzelne Facette erzeugt in uns Wachstum und Fortschritt – die beiden fundamentalen Erfolgsbeschleuniger.

WARREN BUFFETT UND TAI LOPEZ (INTERNET-UNTERNEHMER)

34. Miss Dich mit und lerne von den Besten!

Nahezu alle erfolgreichen Menschen bestätigen, dass sie Lehrer beziehungsweise Mentoren hatten, die deutlich besser waren als sie selbst. Sie waren die Fixpunkte und Motivationshilfen einer konstanten Weiterentwicklung. Ihre »Schüler« konnten von jemand Besserem lernen und sich zugleich immer wieder mit ihnen – bewusst oder unbewusst – versuchen zu messen.

Zahlreiche Untersuchungen haben gezeigt, dass sich unser Einkommen über den Durchschnitt unserer fünf besten Freunde errechnen lässt. Auch unser persönlicher oder beruflicher Erfolg ist äquivalent dazu. Je erfolgreicher unsere besten Freunde, umso erfolgreicher sind auch wir und umgekehrt!

Das zeigt auch, wie wichtig Dein Netzwerk ist. Darüber hinaus verdeutlicht es aber auch, dass wir von den Menschen lernen, mit denen wir uns umgeben. Wenn Du Dich also in einem wettbewerbsorientierten Umfeld bewegst, das idealerweise überwiegend besser ist als Du, lernst Du am schnellsten. Dafür sorgt die Situation von ganz allein.

Sie spornt Dich dazu an, Deine Leistungen und Fähigkeiten zu verbessern, um gegenüber Deinem Umfeld nicht länger als der »Verlierer« dazustehen. Timothy Ferriss hat hierfür eine interessante Regel aufgestellt. Er selbst versucht, sich selbst einmal am Tag in eine Situation zu bringen, in der er selbst der Schwächste im Raum oder in einer Gruppe ist. Das allein führt zu erstaunlichen Lernkurven, die Deinen Erfolg extrem beschleunigen können, weil Du automatisch Wachstum erzeugst. Schließlich verändern sich dadurch Dein Wissensschatz und Deine Denk- sowie Herangehensweisen. Deine Grenzen verschieben sich, und Du machst neue und ungewohnte Erfahrungen.

Wie kannst Du nun (D)einen Mentor finden? Die meisten Menschen tun sich schwer damit, einen Mentor zu finden, und geben dieses Vorhaben deshalb relativ schnell auf. Dabei gibt es viele andere Möglichkeiten, von anderen zu lernen und sich mit ihnen zu messen. Du kannst Dich zum Beispiel Gruppen im Social Media anschließen, die ähnliche Ziele verfolgen wie Du, an Seminaren teilnehmen, in die Universitätsbibliothek gehen oder viele Bücher lesen und Dich mit den Autoren in Verbindung setzen.

Am Ende des Tages ist es entscheidend, Dich an jene Orte zu begeben, die mit jenen Menschen besetzt sind, die bereits so sind, wie Du werden willst – oder die bereits das erreicht haben, was Du erreichen willst.

Bruce Lee
(Martial Arts Künstler)

35.
Frag andere um Rat!

Hin und wieder kann es förderlich sein, auch bei kleineren Teilbereichen auf größere Hindernisse zu stoßen. Bestimmt bist Du mit ausreichend Zeit für die Recherche in der Lage, sie selbst zu lösen. Doch gibt es zur Problembewältigung nicht eine deutlich effektivere Methode?

Eine der tollsten Qualitäten von Bill Gates – die man von einem Mann, der sich alles leisten kann, nicht unbedingt erwarten würde – ist die Fähigkeit, Mitmenschen um Rat zu fragen. Diese Fähigkeit wird von den meisten Menschen, egal ob sie unternehmerisch, sportlich, zwischenmenschlich, wissenschaftlich oder künstlerisch erfolgreich werden wollen, vollkommen unterschätzt.

Doch eine Frage um Rat kann Deinen Erfolg in einem einzigen Moment exponenziell steigern!

Ein Ratschlag kann sehr viel mehr auslösen, als uns »nur« bei der Bewältigung eines Problems zu helfen. Eine Frage um Rat zeigt, dass Du Deinem Gegenüber Vertrauen schenkst und es schätzt. Um Rat zu fragen, kann Dir Freunde und Partner bescheren, die Deiner Wertschätzung dieselbe Anerkennung zurückspiegeln. Es kann Dich auch vor dem Scheitern bewahren oder Deinen Weg in eine neue, sehr viel mehr Erfolg versprechende Richtung lenken.

Mitmenschen zu fragen, ist somit eine Qualität, die vor allem die emotional intelligenten Menschen vereint. Sie bekunden damit auch ein gewisses Interesse an ihrem Gegenüber. Gates empfiehlt, zum einen Menschen zu fragen, die Dir nahestehen und Dich kennen – sie setzen sich besonders für Dich ein, sind dafür aber eventuell subjektiver. Zum anderen empfiehlt er Dir den Rat von Menschen, die eher zu Deinen entfernteren Bekanntschaften zählen – sie werden Dir gegenüber eher objektiv und direkt sein.
Weil gerade dieses Thema für uns besonders schwer (wieder) zu erlernen war und weil wir denken, dass es Dir eventuell auch so geht, haben wir vier Strategien für Dich, die Dir den Prozess erleichtern:

1. Hilf anderen! Dadurch kommst Du nicht nur mit mehr Menschen in Kontakt, sondern es ist sowohl für Dich als auch für Dein Gegenüber einfacher, um einen Rat oder Gefallen zu fragen.

2. Mach Dir klar, was für einen Rat Du brauchst! Was sind Deine Projekte und Ziele, und wobei benötigst Du möglicherweise Hilfe oder einen Ratschlag? Nutze anschließend das SMART-Prinzip für Deine Fragen – dadurch erhöhst Du die Qualität der Antworten enorm!

3. Nimm nicht an, Du wüsstest, was die Leute wissen! Meistens unterschätzt man die Hilfsbereitschaft seiner Mitmenschen völlig. Die meisten Menschen sind bereit, Arbeit zu investieren, damit sie Dir helfen können. Darüber hinaus verfügt jeder Mensch über ein individuelles Netzwerk. Der nächste Experte ist meistens also nur einen Kontakt entfernt!

4. Übe per Zurückweisungstherapie! Frag in einem möglichst kurzen Zeitraum möglichst viele Leute vermeintlich doofe Dinge. Dadurch verlierst Du jede Frage-Scham, garantiert!

Bill Gates

36.
Wie Dir andere von sich aus helfen

Die bestbezahlten Menschen einer Branche sind jene, die neben Fachwissen ihre Ideen ausdrücken und andere begeistern können. Dale Carnegie war ein Meister im Umgang mit Menschen. Er wusste schon früh, dass Kritik lediglich Unmut und Rechtfertigung hervorruft. Daher lehrte er zeit seines Lebens, das sehr viel bessere und effizientere Gegenteil – die Belohnung und das Kompliment.

Er sagte: »Um zu verstehen und zu verzeihen, braucht es Charakter und Selbstbeherrschung.« Doch gerade diese Eigenschaften seien selten und schwer zu finden. Dabei reiche schon eine einzige Methode, um andere Menschen zu beeinflussen. Eine Methode, die nicht nur unserem Gegenüber 100 Prozent verspricht, sondern auch uns.

Wie die Methode funktioniert? Die Antwort scheint trivial zu sein, und trotzdem schafft es nur eine Handvoll von Menschen, sie auch praktisch umzusetzen. Es geht darum, nicht unsere eigenen, sondern die Wünsche des anderen in den Mittelpunkt zu stellen. Dieser Ansatz wird in der Regel aus Unwissenheit und mangelnder Selbsterfahrung als eigener Verlust fehlinterpretiert. Dabei bringt dieser Ansatz unserem Gegenüber reichlich

Mehrwert, da wir lösungsorientiert handeln. Das verlangt von uns jedoch ebenfalls ein ernsthaftes Interesse an den Personen, mit denen wir interagieren.

Carnegie resümierte das Ergebnis dieses Interesses folgendermaßen:

> *»Jemand, der sich für andere interessiert, gewinnt in zwei Monaten mehr Freunde als jemand, der versucht, andere über zwei Jahre lang für sich zu interessieren!«*

Ein praktikabler Ansatz, dieses Interesse zu wecken, ist die einfache Frage nach dem, was die jeweilige Person eigentlich haben will – beziehungsweise danach, wonach sie im Leben oder beispielsweise als Kunde sucht. Sobald Du weißt, was sie haben will, kannst Du Wege und Möglichkeiten finden, ihr zu zeigen, wie sie es bekommen kann. Die Aktionen, die Du aus den Dir mitgeteilten Informationen ergreifst, machen den Unterschied. Gelingt es der Person, mit Deiner Hilfe schließlich das Gewünschte zu erreichen oder zu erhalten, ändert sich die emotionale Bindung zu Dir. Euer Vertrauensverhältnis wird tiefer, und Dein Status für sie steigt. Je mehr Menschen Du auf diese Weise beeinflusst, umso mehr wirst Du von ihnen zurückerhalten. Dieser Prozess folgt dem Grundsatz: »Was Du gibst, das sollst Du auch empfangen.«

Dieser Prozess funktioniert übrigens auch umgekehrt. Wenn es zum Beispiel um die Frage geht: »Wie bringe ich den anderen dazu, dass er etwas von sich aus tut, das ich von ihm will?«

Auch die Antwort auf diese Frage ist relativ trivial. Wecke in dieser Person das Bedürfnis danach! Sobald es Dir gelingt, bei anderen Personen das Bedürfnis zu wecken, das zu tun, was Du von ihnen möchtest, das sie tun, hältst Du alle Zügel der Beeinflussung in der Hand.

Nutze diese Methode weise und fair für alle Beteiligten – und Du wirst Dir eine ganze Heerschar von Erfolgshelfern aneignen.

Dale Carnegie

37. Merk Dir Namen!

Eines dieser vermeintlich kleinen Dinge, die in der Summe einen beeindruckenden Unterschied machen können, besteht im Behalten von Namen. Dieses Beispiel soll zeigen, wie eine simple kleine Gewohnheit tatsächlich massive Auswirkungen auf Deine sozialen Interaktionen und Deinen privaten, beruflichen und unternehmerischen Erfolg haben kann.

Die Empfehlung stammt von Dale Carnegie. Er kannte dereinst einen über die Maßen erfolgreichen Geschäftsmann. Dieser Geschäftsmann hatte im Vergleich zu seinen Kollegen weder eine bessere Ausbildung noch bessere Fähigkeiten oder etwa ein absolut einzigartiges Produkt. Trotzdem war er im Vergleich um ein Vielfaches erfolgreicher als seine Kollegen. Carnegie erkannte schnell, dass es eine einzigartige Fähigkeit war, die ihn vom Rest unterschied.

Der erfolgreiche Geschäftsmann merkte sich nicht nur die Namen jeder Person, der er begegnete, sondern auch jede einzelne Geschichte, die mit dieser Person zu tun hatte. Er schenkte jeder Begegnung seine volle Aufmerksamkeit. Diese Wertschätzung drückte er in Folgetreffen aus, indem er seine Bekanntschaft komplimentierte, sie beim (korrekten) Namen nannte, sich nach ihrer Befindlichkeit erkundigte und an das Gesprächsthema der letzten Unterhaltung anknüpfte – zum Beispiel über die Familie, den Hund oder das neue Auto.

Diese Fähigkeit sorgte dafür, dass sich der Geschäftsmann ein riesiges Netzwerk aufbaute. Menschen, die ihm großes Vertrauen schenkten, freuten sich, ihn zu sehen, und halfen ihm gerne dabei, erfolgreicher zu werden. Du siehst, gerade die kleinen Dinge machen den großen Unterschied!

Sich den Namen einer Person zu merken, kann beispielsweise darüber entscheiden, ob Du die erhoffte Arbeitsstelle bekommst, ein erfolgreiches Date vereinbarst oder neue Kontakte knüpfst und potenzielle Geschäftspartner kennenlernst. Den Namen einer Person im Verlauf einer Konversation immer wieder zu benutzen, baut darüber hinaus Nähe, Vertrauen und Sympathie auf. Das sind wesentliche Bestandteile eines guten Netzwerks.
Am besten ist es, wenn Du einen neuen Namen, sobald Du ihn erfahren hast, direkt versuchst, mehrmals zu verwenden. So wird es Dir leichter fallen, Dich später daran zu erinnern.

Eine vermeintlich unwichtige, aber einzigartige Fähigkeit kann so rasch zum Wettbewerbsvorteil werden. Je mehr Menschen Du umso konstanter mit dieser einzigartigen Fähigkeit berührst, umso schneller kann sich diese Fähigkeit auch in Dein Alleinstellungsmerkmal verwandeln, das Dich ganz automatisch immer erfolgreicher macht.

Dale Carnegie

38.
Nutz die richtige Frequenz!

Erfolg in zwischenmenschlichen Beziehungen ist somit ebenfalls ein Weg, den Erfolg in anderen Lebensbereichen zu begründen. Häufig sprechen wir davon, »auf einer Wellenlänge« mit jemandem zu sein. Vor allem die jüngere Forschung bestätigt die Weisheit dieser Aussage.

Metaphorisch könnte man sagen: Wir sind Frequenzen aussendende und empfangende Radiostationen. Jeder Gedanke, den wir denken, und jedes Gefühl, das wir spüren, besitzt eine eigene Frequenz. Je positiver, umso höher ist die Frequenz; je negativer, umso niedriger ist sie. Die beiden stärksten Frequenzsender in unserem Körper sind das Gehirn und das Herz. Sie senden Wellen in Abhängigkeit unserer Gedanken und Gefühle aus.

Unser Bewusstsein tritt mit jenen Frequenzen in Resonanz, die dieselbe Wellenlänge besitzen – es ist für sie besonders empfänglich. Jeder kennt das Beispiel eines Weinglases, das mit seiner Schwingung andere Weingläser zum Schwingen bringt. Gleiches schwingt immer mit gleichem und kann gleiches sogar zum Schwingen bringen.

Wir können also nur das wahrnehmen, empfangen und »manipulieren«, was dieselbe Wellenfrequenz hat wie wir. Deshalb nehmen wir zum Beispiel, wenn wir glücklich sind, überwiegend glückliche Menschen wahr, sehen die Pracht der Natur und selbst größere Hindernisse erscheinen uns überwindbar.

Auf der anderen Seite sehen wir, wenn wir unglücklich sind, überwiegend unglückliche Menschen (wir ertragen glückliche Menschen sogar kaum), beschweren uns über schlechtes Wetter, und selbst kleine Hindernisse bringen uns an den Rand des Nervenzusammenbruchs.
Das beweist einmal mehr, wie wichtig die Qualität unserer Gedanken und Gefühle ist. Die gute Nachricht: Wir haben darauf sogar unmittelbaren Einfluss! Wir können diese Frequenz mithilfe unseres bewussten Geistes aktiv beeinflussen bzw. mithilfe der vorgestellten Methoden das Unterbewusstsein so verändern, dass es automatisch positive Frequenzen aussendet.

Die effektivsten Techniken das Unterbewusstsein positiv zu beeinflussen sind Autosuggestionen und Visualisierungen.

Zusammengefasst: Die Gedanken, die Du denkst, kontrollieren die Vibration, in der Du Dich befindest und die Möglichkeiten und Chancen, die Du durch die daraus resultierenden Resonanzen kreierst. Deshalb ist es umso wichtiger, dass Du auf Dein Unterbewusstsein achtgibst – denn dort entstehen Deine Gefühle.

Gefühle sind die wahren Resonanzverstärker. Sie multiplizieren die Vibration der mittels Deiner Gedanken ausgesendeten Frequenzen.

Bob Proctor
(Autor und Gehirnforscher)

39.
So trickst du Deine Biologie aus

Denken und Fühlen beeinflussen sich gegenseitig. Der treibende Faktor ist jedoch immer das Gefühl. Um Denkgewohnheiten zu ändern und Erfolg zu generieren, müssen wir uns somit vor allem um unsere Gefühle kümmern.

Das wiederum gewährleisten wir über die Ebene unserer Emotionen. Sie sind der fundamentale Unterschied, der bestimmt, wie wir uns fühlen. Und sie unterscheiden sich grundlegend von Gefühlen. Emotionen sind elektromagnetische, chemische oder elektrische Signale und Energien innerhalb unseres Körpers, die an unser Gehirn übermittelt werden. Gefühle hingegen entstehen erst anschließend in unserem Geist, indem er sich über diese Energien bewusst wird. Es stellt sich also die Frage: Wie können wir unsere Emotionen beeinflussen?

Dafür müssen wir an unserer fundamentalen Grundlage, unserer Physiologie arbeiten. Wenn es uns gelingt, sie unter Kontrolle zu bringen und optimal zu gestalten, dann sind wir jeden Tag auf der absoluten Höhe unserer Fähigkeiten und nutzen unser Potenzial maximal. Wenn die physiologische Grundlage allerdings nicht stimmt, wir zum Beispiel müde und erschöpft sind, ist es unmöglich, motiviert, produktiv und folglich auch erfolgreich zu sein.

Auch an dieser Stelle können wir den wechselseitigen Einfluss des Körpers (Physiologie) auf Gefühle und von Gefühlen auf den Körper feststellen. Was passiert beispielsweise auf körperlicher Ebene, wenn Du Angstgefühle hegst? Die Anzahl Deiner Herzschläge pro Minute nimmt zu, Dein Mund wird trocken, Deine Hände feucht, Dein Stresslevel steigt, Deine Gehirnwellen geraten ins Chaos – und Du verlierst in diesem »Fight-or-Flight«-Modus zunehmend die Fähigkeit, rational und lösungsorientiert zu denken. Mit einer einfachen Methode kannst Du darüber die Kontrolle zurückgewinnen.

Achte auf Deine Herzvariabilität, den Rhythmus Deiner Herzschläge. Er ist der schnellste und effektivste Zugang zu Deinen Emotionen und Gefühlen. Indem Du die Kohärenz Deines Herzens – sein Gleichgewicht – wiederherstellst, kehren auch Deine Denkfähigkeit und Denkqualität zurück.

Das Denken mit Denken zu verbessern, ist hingegen nur eingeschränkt möglich. Indem Du aber den Kontext, die Biologie und Dein emotionales Befinden änderst, in dem Deine Gedanken entspringen, änderst Du auch die Qualität Deiner Gedanken und die Gedanken selbst.

Eine einfache Herzkohärenzübung – auf deren Bedeutung der Forscher David Servan-Schreiber insbesondere auch für herzkranke und depressive Menschen hingewiesen hat – ist ausreichend, Kontrolle und Übereinstimmung über Deine Emotionen zurückzuerlangen und wiederherzustellen. Deine Emotionen wiederum beeinflussen Deine Gefühle und und diese weitergehend Deine Gedanken.

Die Übung funktioniert folgendermaßen: Atme zweimal langsam und tief ein und anschließend langsam wieder aus. Dann pausiere kurz und beginne wieder von vorne. Drei Faktoren sind für die Wirkung dieser Übung besonders wichtig. Rhythmus, Lockerheit und Gleichmäßigkeit sowie das Zentrum Deiner Aufmerksamkeit. Achte also vor allen Dingen auf einen gleichmäßigen und entspannten Rhythmus und fokussiere Dich während der Übung auf Dein Herz. Stell Dir vor, Du würdest hindurchat-

men.
Das Herz ist, wie bereits häufiger angesprochen, der elektrische Signalverstärker unseres Körpers. Es sendet elektrische Signale aus, die 5.000 Mal stärker sind als das Gehirn. Wenn sich das Herz im Gleichgewicht befindet, dann ist es auch der Rest Deines Körpers.

Darin liegt ein Geheimnis, weshalb Leidenschaften so häufig auch zu Erfolg führen. Sie provozieren ganz automatisch einen positiven Gefühlszustand und verhelfen uns damit zu mehr Kohärenz, Produktivität und Effizienz.

David-Servan Schreiber
(Mediziner, Psychiater und Autor)

40.
Folge Deiner Intuition und finde Deine Leidenschaft!

Alle erfolgreichen Personen vereint, dass sie ihre Leidenschaften leben. Vielen Menschen fällt es jedoch nicht gerade leicht, Ihre Fähigkeiten, Interessen oder Leidenschaften zu entdecken. Für dieses Dilemma hält Steven Spielberg eine einfache, aber höchst treffsichere Empfehlung für uns bereit, die seinem Erfahrungsschatz entspringt. Er sagt:

»Deine Träume flüstern Dir immerzu zu. Höre auf Sie.«

Wir alle besitzen eine Intuition. Sie wird häufig auch als Bauchgefühl oder innere Stimme bezeichnet. Diese innere Stimme speist sich aus unserem Unterbewusstsein. Aus unserer riesigen Festplatte, die alle unsere Erlebnisse und Erfahrungen speichert. Ist man aufmerksam und still (besonders einfach gelingt das in der Meditation), kann man diese Stimme sehr gut hören. Sie flüstert uns zu, auf der Basis unserer gespeicherten Erfahrungen und präsenten Gedanken und Gefühle. Wie ein allwissender Berater ist die Stimme Deiner Intuition, die beste Entscheidungshilfe, die Dir von der Natur geschenkt wurde.

Es ist jedoch nicht immer leicht, auf diese innere Stimme zu hören, da sie sich sehr leise äußert. Sie zu entdecken kommt dem Fund eines Schatzes von unschätzbarem Wert gleich. Er kann uns das Leben sehr viel einfacher und lebenswerter machen.

Gewöhn Dir also an, auf Deine innere Stimme zu hören, indem Du aufmerksam und präsent bist. Sie wird Dir sagen, worin Deine größten Leidenschaften liegen, was es ist, das Du für den Rest Deines Lebens machen willst oder wie Du eine wichtige Entscheidung treffen könntest. Sie ist jedoch sehr diskret und leise und beansprucht daher Deine gesamte Aufmerksamkeit, um gehört zu werden.

Auf Dein Bauchgefühl zu hören bzw. hinzuspüren und dabei nicht nachzudenken, ist der »geheime« Trick, sich die magische Kraft der Intuition anzueignen.

Warren Buffett fand bereits im jungen Alter von sieben Jahren großes Interesse daran, seine finanzwirtschaftlichen Kenntnisse zu erweitern. Er hatte also das Glück, bereits sehr früh in seinem Leben seine Leidenschaft zu entdecken. Das ist jedoch nur wenigen vergönnt. Buffett sagt selbst, dass es schwierig sei, seine Leidenschaft zu finden. Und hat man sie entdeckt, muss man froh und dankbar dafür sein, wenn man sie ausleben kann und darf.

Was nun, wenn Du Deine Leidenschaft(en) noch nicht kennst und sie Dir auch nicht von Deiner Intuition zugeflüstert werden? Such! Nur wer sucht, der findet. Nichts verspricht mehr Erfolg als das Ausleben der eigenen Stärken und Leidenschaften. Investiere also Zeit darin, sie zu finden.

Aus unserer Sicht – und darin stimmen wir mehr mit Timothy Ferriss überein – reichen aber auch bereits sehr starke Interessen und Stär¬ken, um privaten und unternehmerischen Erfolg zu generieren. Denn hat man seine wahre tiefe Leidenschaft noch nicht gefunden, wird man, solange man Interessen und Stärken sukzessive erweitert und sich darauf fokussiert, auch zwangsläufig auf seine Leidenschaften stoßen.

Folgende Charakteristika gelten für alle Leidenschaften, Interessen, Stärken und Fähigkeiten:

- Probier aus und starte damit noch heute!
- Überleg Dir, was Deinem Leben einen Sinn gibt!
- Überleg Dir, was Du mit weniger Aufwand besser kannst als andere!
- Durch Deine Leidenschaften kannst Du Dich und Deine Talente am besten ausdrücken.
- Die meisten Leidenschaften lassen sich in einer Retrospektive der eigenen Vergangenheit wiederfinden.
- Überleg Dir, was Dich interessiert und fang an, Deine Interessen so intensiv wie möglich auszuleben! Häufig entwickelt sich daraus später eine Leidenschaft.

»Die einzige Möglichkeit wirklich zufrieden und erfüllt zu sein, ist, das zu tun, wovon man glaubt, dass es großartige Arbeit ist. Und die einzige Möglichkeit, großartige Arbeit zu verrichten ist, indem man das tut, was man liebt. Solltest Du es noch nicht gefunden haben, keine Sorge, suche einfach weiter. Denn wie alles, was mit dem Herzen zu tun hat, wirst Du es genau wissen und spüren, wenn Du es gefunden hast.«

STEVE JOBS

WARREN BUFFETT UND STEVEN SPIELBERG

(ERFOLGREICHSTER REGISSEUR UND PRODUZENT ALLER ZEITEN)

41.
Lebe Deine Leidenschaften!

Deine Leidenschaft zu entdecken, ist nur die halbe Miete. Deine Leidenschaft aktiv auszuleben, kann sehr viel schwieriger sein. Auf der anderen Seite macht sie es uns besonders einfach, Opfer zu bringen. Denn dann gibt es ohnehin nichts, was wir gerade lieber täten.

Für Steve Jobs ist die brennende Leidenschaft für eine Tätigkeit (zum Beispiel im Unterschied zu Timothy Ferriss) der wichtigste Erfolgstreiber überhaupt. Er begründet das damit, dass man das eigene Unternehmen sonst angesichts bevorstehender Hindernisse und Schwierigkeiten als rationale Person relativ schnell aufgeben würde. Gerade das Unternehmertum ist nämlich eine Disziplin, die man zuerst einmal über eine längere Zeitdauer durchhalten muss.

Diesen schwierigen Situationen sieht man sich in allen Lebensbereichen – und ganz egal ob als Unternehmer, Arbeitnehmer oder Selbstständiger – immer wieder konfrontiert. Nur wer das Durchhaltevermögen beziehungsweise die Geisteshaltung besitzt, Fehler und Hindernisse nicht als Scheitern, sondern als Wegweiser zu interpretieren, kann daraus große Motivation ziehen.

Dann ist man in der Lage, immer wieder aufzustehen und sich auch langfristig zu motivieren. Laut Jobs ist das der größte Unterschied zwischen den aus gesellschaftlicher Sicht erfolgreichen und weniger erfolgreichen Menschen. Jene, die weitergemacht haben, stoßen über kurz oder lang auf eine Erfolgsspur. Jene die frühzeitig aufgeben – häufig nur wenige Meter vor dem Ziel – können diesen Erfolg nicht verwirklichen.

Die Parabel vom verrückten Nachbarn und dem Bambus versinnbildlicht dies nur allzu gut:

Stell Dir vor, Du würdest Deinen Nachbarn jeden Tag dabei beobachten, wie er mit einer Gießkanne sein Haus verlässt und ein trockenes Stück Erde gießt. Er tut das nicht für ein paar Tage, Wochen oder Monate, sondern ganze vier Jahre lang. Sicherlich kommst Du schon früher zu dem Schluss, dass er verrückt sein muss. Schließlich wächst dort nichts, und trotzdem gießt Dein Nachbar jahrelang ein Stückchen Erde.

Doch dann, nach vier Jahren, sprießt plötzlich ein Bambuspflänzchen aus dem Boden. Es hat die vergangenen vier Jahre, dank Deinem »verrückten« Nachbarn, sein Wurzelwerk spannen und stärken können. Durch diese Basis wächst der Bambus nun plötzlich einen Meter pro Tag.
Wer ist nun verrückt?

Diese Metapher ist für die meisten Unternehmer – dazu zählen wir uns auch selbst – sehr typisch. Man arbeitet womöglich jahrelang an Projekten, die nur wenig bis gar keinen Profit abwerfen. Immer wieder kommt man an den Punkt, aufgeben und alles hinschmeißen zu wollen. Doch die Motivation, das Interesse und die Leidenschaft für die Tätigkeit sind so groß, dass man am Ball bleibt und weiterarbeitet. Und dann kommt plötzlich der Tag, an dem man für all seine Mühen belohnt wird und das Geschäft endlich durch die Decke rauscht.

Timothy Ferriss sieht diesen Sachverhalt nicht ganz so restriktiv. Für ihn ist es ausreichend, ein starkes Interesse für ein Thema zu entwickeln oder entwickelt zu haben. Leidenschaft suggeriert häufig, dass man eine einzige Sache voll und ganz kann und verfolgt. Für sie ist man bereit alles zu tun.

Trotzdem gibt es viele Menschen, die es auch ohne die eine große Leidenschaft zu etwas gebracht haben. Darüber hinaus haben wir gerade in diesen Zeiten eine unendliche Wahlfreiheit. Wir können viele unserer Interessen ausleben und in einer unternehmerischen Strategie umsetzen. Das muss nicht weniger motivierend sein. Sie hat im Unterschied zur Leidenschaft – die eben auch Leiden schaffen kann – sogar den Vorteil, seltener für Demotivation zu sorgen.

STEVE JOBS

42. Nutze das Gesetz der Reziprozität!

Damit gleiten wir langsam von den überwiegend auf den persönlichen Erfolg ausgerichteten Tipps und Tricks langsam zu jenen über, die das Augenmerk vermehrt auch auf den beruflichen und unternehmerischen Erfolg richten. Schließlich ist gerade Erfolg hinsichtlich des eigenen Wohlstandes die Grundlage dafür, mehr Freiheit und Unabhängigkeit überhaupt erst leben zu können.

Wir beginnen diese Überleitung mit einer enorm wichtigen Grundregel. Sie gilt für alle Lebensbereiche. Leider wird sie jedoch nur von wenigen Menschen überhaupt beachtet. Erstmals gehört haben wir sie von Earl Nightingale, einem der erfolgreichsten Motivationstrainer aller Zeiten. Sie lautet:

Dein wahrer Wert ist dadurch festgelegt, wie viel mehr Du an Wert gibst, als Du in Bezahlung nimmst, beziehungsweise im Gegenzug als Anerkennung erwartest.

Das Geheimnis jeden Erfolgs ist dabei das Gesetz des Gebens. Es besagt, dass Du das geben musst, was Du empfangen willst, beziehungsweise dass Du nur das empfangen kannst, was Du auch gegeben hast. Je mehr Qualität, Wert und Liebe Du gibst, umso mehr davon wirst Du erhalten! Diesen Grundprozess nennt man auch das Gesetz der Reziprozität.

Geben kreiert Erfolg. Du bekommst das, was Du vom Leben erwartest! Genau darauf fokussierst Du Dich schließlich. Und worauf Du Dich fokussierst, das bekommst Du!

Auf den eigenen Wohlstand übertragen bestimmt dieses Gesetz Dei-nen eigenen Wert und damit Dein potenzielles Einkommen. Indem Du dieses Gesetz mit Reichweite fütterst, also möglichst vielen Menschen möglichst gut weiterhilfst, legst Du Dein tatsächliches Einkommen fest. Wird diese Grundeinstellung des Gebens zu Deinem Lebensstil, werden sich Dir plötzlich unglaublich profitable Chancen und Möglichkeiten eröffnen.

Auf Deine finanzielle Situation übertragen bedeutet dieses Gesetz, dass sich Deine Vergütung direkt proportional dazu verhält, wie viele Leben Du zu berühren imstande bist. Wenn Du gerne mehr Erfolg haben möchtest, sollte Dein erster Ansatz sein, Wege und Möglichkeiten zu finden, mehr Menschen zu dienen.

Das Gesetz der Reziprozität wird übrigens auch als die goldene Business-Regel bezeichnet. Es funktioniert der Logik entgegengesetzt, weil man gibt, was man eigentlich bekommen will. Man kreiert damit jedoch einen Zustand der Fülle und des Überflusses.

Nehmen wir das Beispiel Anerkennung. Alle Menschen wollen Anerkennung erhalten, doch nur wenige sind in der Lage, auch Anerkennung zu geben. Begib Dich also in ein Gefühl des Überflusses, indem Du zuerst das gibst, was Du bekommen willst.

Earl Nightingale, David Mann und Bob Burg

(Unternehmer und Autoren)

43.
Diene den Menschen!

Indem wir andere Menschen glücklich machen, machen wir uns selbst glücklich. Indem wir anderen Menschen helfen, helfen wir uns selbst. Und indem wir anderen Menschen dienen, dienen wir uns selbst. Alles was Du dafür herausfinden musst, ist das, was die Welt braucht, das Du anbieten kannst!

Vermutlich haben sich mehr als 99 Prozent aller Menschen noch kein einziges Mal in ihrem Leben diese fundamentale Frage gestellt. Indes zeigt sie eine Lösung auf, nicht länger im Schneckentempo dem Erfolg entgegenkriechen zu müssen, sondern auf einen Düsenjet umzusteigen.

Doch ganz so einfach ist es natürlich nicht. Schließlich musst Du auf der einen Seite herausfinden, was andere Menschen brauchen, und Dir auf der anderen Seite darüber im Klaren sein, wo Deine Talente, Fähigkeiten und Stärken liegen. Weder das eine noch das andere ist ein Selbstläufer. Das ist allerdings kein Grund, Dich von der Suche abhalten zu lassen. Schließlich ist der Effekt, den Du auf andere hast, die wertvollste Währung, die es überhaupt gibt!

Anschließend geht es an die rasche Umsetzung. Achte dabei besonders darauf, dass Du Deinen eigenen Stil einbringst und Tag für Tag an Deinem Fortschritt arbeitest und Erfolgsspiralen erzeugst.

Auf diesem Weg könnte sich jedoch ein anderes Problem ergeben: die Angst vor Deiner eigenen Größe. Schließlich wirst Du relativ schnell bemerken, wie Dein Erfolg an Dynamik gewinnt. Diesen Prozess als Herausforderung zu sehen, den es zu überwinden gilt, ist manchmal die letzte Hürde vor dem Erfolgsgipfel. Letztlich ist die Angst vor der eigenen Größe nur eine kleine Angst vor der Herausforderung. Sobald Du die Herausforderung jedoch als etwas siehst, dass Dir dabei hilft noch besser und erfolgreicher zu werden, ändert sich alles.

Gemäß der Polarität der Dinge gibt es auch in der Welt der Gefühle nur die beiden Grundgefühle Liebe und Angst. Beide äußern sich entweder durch Ausdehnung oder Kontraktion. Uns für die Ausdehnung (der Welt zugeneigt und offen entgegentreten) und gegen die Einschränkung (uns der Welt zu verschließen) zu entscheiden, ist eine Wahl, die wir in jedem Moment des Tages treffen können.

»Das Leben geschieht uns nicht, sondern es geschieht für uns.«

JIM CARREY
(SCHAUSPIELER UND KOMÖDIANT)

44.
So vervielfachst Du Deinen Einfluss

Im nächsten Schritt musst Du dafür sorgen, Deinen Einfluss auf andere Menschen zu vergrößern. Deinen Einfluss erhöhst Du in dem Maße, wie es Dir gelingt, die Interessen der anderen (Mitmenschen, Kunden, Unternehmer und so weiter) an die erste Stelle zu setzen.

Der große Talkmaster Larry King sagte dereinst sinngemäß:

Je erfolgreicher Menschen sind, umso eher sind sie bereit, ihre Geheimnisse mit anderen zu teilen. Und je größer und bekannter sie sind, umso netter und gutmütiger seien sie.

Das ist ungefähr das genaue Gegenteil von dem, was man zunächst vermuten würde, oder? Schließlich vermuten die meisten Menschen, dass gerade erfolgreiche Personen nur durch besonders ausgeprägte Selbstsucht und eine übergroße Portion Egoismus zu Erfolg und Wohlstand gekommen seien. Doch damit weit gefehlt!

Mach Dir also klar, dass »Geld machen« kein gutes Ziel ist, welches Dich erfolgreich machen wird, denn (finanzieller) Erfolg funktioniert anders. Wenn Du gibst, dann gib 100 Prozent. Stell die Interessen des Anderen immer in den Vordergrund. Das ist eine wahre Königsregel, die – würdest Du sie konsequent anwenden – allein mächtig genug ist, um Dich zu einem Superstar in Deinem Feld zu machen.

Was die meisten nämlich nicht verstehen, ist, dass es nicht um das Gleichgewicht oder eine sogenannte Win-win-Situation geht. Nein, 50/50 oder Win-win kann man sogar als Verliererdenken bezeichnen! Du solltest immer 100 Prozent für die andere Person herausholen wollen und ihr 100 Prozent dessen geben, was sie möchte. Dein Gewinn definiert sich anschließend durch den Gewinn und den Erfolg des anderen.

Der andere wird sogar zu Deinem persönlichen Erfolgsverstärker! Fokussiere Dich also darauf, was diese andere Person (Mitmensch, Kunde, Unternehmer, Konkurrent, Partner, ...) möchte, und versuche den Gewinn dieser Person zu maximieren. Gründe dieses Unterfangen aber nicht auf dem Gedanken, dass Dir durch Deine Hilfe irgendjemand etwas schuldet. Das macht Dich nämlich vom Freund, der wirklich helfen möchte, zu einem Gläubiger.

Wende dieses Gesetz noch heute an. Überzeuge Dich selbst und profitiere von seiner Intensität und Wirksamkeit.

JOHN DAVID MANN UND BOB BURG

45.
Sei immer authentisch Du selbst!

Jackie Chan gehört mit Bruce Lee zu den bekanntesten Kampfkünstlern aller Zeiten. Kaum jemand weiß jedoch, dass Jackie Chan sich – neben seiner schauspielerischen Tätigkeit – ein zweites Standbein als Sänger aufgebaut hat.

Für diese Entscheidung wurde er von allen Seiten belächelt. Chan betont hingegen, dass es eine Fähigkeit sei, die er unbedingt ausdrücken wollte und musste. Heute ist er vor allem im asiatischen Raum für seine Qualitäten als Sänger mindestens genauso bekannt wie für seine Kampfkünste. Wofür hat er sich allerdings ganz abstrakt betrachtet entschieden? Für Authentizität.

Eine Charaktereigenschaft, die wir bei allen erfolgreichen Menschen beobachten konnten. Man kann ihr in allen Belangen des persönlichen oder beruflichen Erfolges nicht genügend Bedeutung beimessen. Wer authentisch ist, nutzt eines der stärksten Erfolgsgesetze überhaupt. Man wird konkurrenzlos.

In welchem Zusammenhang stehen Authentizität und Erfolg konkret? Der Einfluss, den wir auf andere Menschen ausüben, ist nicht unwesentlich davon abhängig, wie sehr uns Menschen vertrauen und mögen. Je mehr es sind, umso größer wird zugleich unser Erfolg. Jeder besitzt für die Originalität und Authentizität anderer Personen ein unsichtbares Radar.

Aus evolutionstheoretischer Sicht ergibt das auch Sinn. Man musste schließlich erkennen, ob man sich Freund oder Feind gegenübersah. Je nachdem wie aufmerksam Du also bist, spürst Du sehr schnell, ob es Dein Gegenüber auch wirklich gut mit Dir meint. Du bemerkst in der Regel intuitiv, ob sich die andere Person echt gibt oder gerade unehrlich ist. Ruft unser Gegenüber ein Gefühl der Unehrlichkeit bei uns hervor, sinkt nicht nur unser Vertrauen, sondern auch unsere Sympathie, unser Interesse oder auch unsere Kauffreude.

Je authentischer eine Person ist, umso treuer ist sie sich selbst.

Ein authentischer Mensch lebt nach seinen persönlichen Normen und Werten und hat kein Problem damit, diese auch auszudrücken und auszuleben. Schließlich ist Authentizität überaus wichtig, um Selbstvertrauen zu entwickeln. Das führt allerdings häufig dazu, dass authentische Personen stark polarisieren. Menschen, die sie mögen, »lieben« sie und Menschen, die sie nicht mögen, »hassen« sie. Dieser blinde Hass ist jedoch nichts weiter als ein Produkt der Polarität.

Das heißt, dass authentische Personen anderen Personen einen Spiegel vorhalten. Statt dass der Beobachter jedoch gewisse »verhasste« Charaktereigenschaften in sich selbst erkennt, projiziert er sie negativ auf die authentische Person. Sei Dir dessen auf Deinem authentischen Erfolgsweg immer bewusst.

Wenn Du wirklich erfolgreich werden möchtest, dann geht das nur, wenn Du authentisch ganz Du selbst bist. Das bietet Dir zugleich die größten Erfolgschancen.

Am besten Du liest diesen Satz zehn Mal hintereinander. Er ist nämlich überaus wichtig für Deinen Erfolg. Es ist Deine Einzigartigkeit, die Dich von allen anderen unterscheidet. Deine Einzigartigkeit polarisiert. Sie macht jene, die Dich mögen, Dich sympathisch finden und sich mit Dir identifizieren, zu Deinen treuen »Fans«, verschafft Dir aber auch Gegner, die ihre Ablehnung gegenüber gewissen Charaktereigenschaften, die sie selbst verkörpern, auf Dich projizieren werden.

Doch das sollte Dich nicht abschrecken. Die Vorteile überwiegen die Nachteile nämlich tausendfach. Authentizität ist ein extrem starker Erfolgstreiber, weil Du damit Deine Einzigartigkeit zeigst, mit der sich andere wiederum identifizieren können und dadurch Deiner »Gruppe« beitreten. Ein einziger Satz genügt zur Erklärung:

»Authentizität hat keine Konkurrenz.«

Ein besonders praktikabler und einfacher Ansatz besteht in der Ausweitung der vorherigen Gesetze. Steigere Deinen Einfluss auf andere Menschen, indem Du Deine Einzigartigkeit einer zunehmend größeren Gruppe zugänglich machst. Je mehr Menschen die Möglichkeit haben, sich mit Dir zu identifizieren, umso größer wird auch Dein persönliches Netzwerk von Freunden und Unterstützern.

Indem Du Dich selbst erkennst, wirst Du automatisch Deine Authentizität und Einzigartigkeit entdecken. Das macht Dich anders und unterscheidet Dich vom Rest. Michael Jordans Ziel war es beispielsweise immer, sehr viel besser und ganz anders als seine Kontrahenten und Mitspieler zu sein. Dabei prägte er immer wieder das Motto:

Sei großartig auf Deine ganz eigene persönliche und individuelle Art und Weise.

Das funktioniert nur, wenn Du authentisch Du selbst bist und sowohl Deine Stärken als auch Deine Schwächen kennst. Nutz Deine Stärken und Deine Einzigartigkeit und baue sie zu einem »Wettbewerbsvorteil« aus. Authentizität hat keine Konkurrenz!

JACKIE CHAN (SCHAUSPIELER) UND MICHAEL JORDAN (BESTER BASKETBALLER ALLER ZEITEN)

46.
Sei Idealist, nicht Realist!

Im Rahmen der Recherchen für dieses Buch, die gemeinsamen Nenner der erfolgreichsten der Erfolgreichen zu finden, sind wir immer wieder auf das Thema Realismus gestoßen. Es konnte sich kaum eine Person finden, die ihre Ideen und Projekte auf sogenannten realistischen Grundlagen aufbaute. Sie alle waren sogar überaus idealistisch.

Wenn Du große Ziele hast und überdurchschnittlich erfolgreich werden willst, ist eine Geisteshaltung des Idealismus sehr viel Erfolg versprechender als Realismus. Realistisch ist schließlich immer nur das, was Du gegenwärtig und auf der Basis Deiner vergangenen Erfahrungen und Erlebnisse für möglich hältst. Das berücksichtigt aber nicht die enorme Lernkurve, die Du mit praktischer Übung und vielen der in diesem Buch vorgestellten Methoden erzeugen wirst. Sie kann innerhalb weniger Monate Dinge real werden lassen, die für Dich momentan noch vollkommen utopisch und unerreichbar erscheinen. Diese Tatsache lässt sich in einem bekannten Ausspruch wiederfinden:

»Die Menschen überschätzen, was sie an einem Tag, einer Woche oder einem Monat schaffen können, aber unterschätzen vollkommen, was sie in einem, fünf oder zehn Jahren vollbringen können.«

Solange wir vollkommen rational und realistisch bleiben, geben wir weder uns selbst noch unserer Umwelt die Chance, tatsächlich idealistische Ziele erreichen zu können. Die bekannte Komfortzone mag zwar bequem sein, sie bereitet aber nicht den Boden, um die Samen des Erfolgs schnell und effektiv wachsen zu lassen.

Es mag hart klingen, aber Realisten sind häufig Personen, die viel zu wenig Vertrauen in sich selbst haben. Idealisten aber sind Menschen mit Träumen, Zielen und Visionen. Die wirklich erfolgreichen Menschen waren und sind allesamt Idealisten. Sonst hätten sie sich niemals derart großen und von vielen in ihrem Umfeld bestimmt als »vermessen« bezeichnete Ziele gesetzt. Idealist zu sein muss dabei nicht heißen, ein Träumer zu sein, der Luftschlösser baut. Idealismus ist die Grundidee, die notwendig ist, um größere Ideen und Visionen in die Tat umsetzen zu können. Verabschiede Dich also von der Redensart: »Ich bin nicht negativ, ich sehe die Dinge nur realistisch.«

Darüber hinaus gelingt es Idealisten, da sie für etwas arbeiten, das sie selbst unterstützen und für das sie einstehen können, sehr viel einfacher motiviert und damit produktiv zu sein. Sie wissen, dass die Tätigkeit, der sie nachgehen, mit den eigenen Normen und Werten übereinstimmt. Sie denken automatisch groß, während Realisten ständig damit beschäftig sind, ihre gegenwärtige Situation mit ihrer realistischen Denkweise in Einklang zu bringen, um nicht etwa weniger oder sogar mehr zu erreichen.
Wenn Du also wirklich erfolgreich werden und Dinge erreichen willst, die Dir derzeit vollkommen unerreichbar erscheinen, verabschiede Dich von Deinem Realismus und wechsle auf die Seite der Idealisten.

Immanuel Kant
(Philosoph)

47.
Nutze Misserfolge als Feedback!

Große, idealistische Ziele zu erreichen, ist begleitet von Rückschlägen. Die westliche Erziehung und das westliche Schulsystem haben dafür gesorgt, dass Rückschläge leider noch immer mit einem Scheitern und sozialer Ächtung gleichgesetzt werden. Das ist jedoch ein grundverkehrter Ansatz.

Schließlich trägt der Begriff Misserfolg den Erfolg bereits im Namen. Misserfolg kann und sollte immer der Nährboden des Erfolges sein. Diese, über Generationen hinweg hinderliche Erziehung fußt auf der alten Denkweise, dass man Fehler und Misserfolge mit Strafen belegen müsse. Wer in der Schule eine schlechte Note mit nach Hause gebracht hat, sah sich in der Regel keinen jubelnden Eltern gegenüber.

Dabei wird völlig vergessen, dass nur jene Menschen erfolgreich geworden sind, die Fehler genutzt haben, um daraus zu lernen und besser zu werden. Wer diese Fähigkeit entwickelt, wird entdecken, dass im Prozess des »Scheiterns« enorme Ressourcen versteckt sind. Es geht darum, den Blickwinkel zu verändern.

Beginne also damit, jeden noch so kleinen Misserfolg »zu feiern«. Sieh ihn als Grundlage, daraus einen noch größeren Erfolg zu generieren. Diese Herangehensweise sorgt auch dafür, dass Misserfolge Dich nicht länger demotivieren, sondern sogar anspornen. Diesen Mechanismus zu verstehen und positiv für sich zu nutzen, gehört zu den wichtigsten Erfolgslektionen überhaupt. Jeder macht Fehler und verzeichnet Misserfolge. Das ist völlig normal. Jene Menschen, die jedoch die Fähigkeit besitzen, daraus zu lernen und Misserfolge zum positiven Vorteil zu nutzen, werden später den Unterschied zwischen den erfolgreichen und den weniger erfolgreichen Menschen ausmachen.

Misserfolge und Fehler sind insofern ein gut funktionierender Feedback-Mechanismus. Das Buch »Die 4-Stunden-Woche« von Timo-thy Ferriss wurde beispielsweise von 26 Verlagen abgewiesen, bevor es der 27. Verlag veröffentlichte. Mit der Veröffentlichung sollte das Buch schließlich mehr als vier Jahre ununterbrochen auf der Bestsellerliste der New York Times aufgeführt sein.

Das ist nur eines von zahlreichen Beispielen, das zeigt, wie häufig Menschen aufgeben, die sich ganz knapp vor dem Ziel befinden. Sie sitzen dem Irrglauben auf, das Ziel läge aufgrund des Rückschlages noch kilometerweit in der Ferne.

Nur wer von einem Rückschlag wieder aufsteht und daraus einen positiven Aspekt gewinnen kann, verwandelt Frustration in Motivation und Misserfolg in Erfolg.

Michael Jordan betont, übereinstimmend mit allen anderen erfolgreichen Menschen, dass ihn sogar erst die Misserfolge zum Erfolg gebracht haben! Er ist nur deshalb erfolgreich geworden, weil er es immer wieder probiert hat, immer wieder aufgestanden ist und sich durch jeden Misserfolg verbessert hat.

MICHAEL JORDAN UND TIMOTHY FERRISS

48. So bekommst Du unbegrenzte Motivation

Motivation ist der Treibstoff des Erfolgs. Unbegrenzte Motivation zu besitzen, würde bedeuten, das »Perpetuum Mobile« der Erfolgsgleichung gefunden zu haben. Wir hätten praktisch 24 Stunden am Tag unbegrenzte Energie und Motivation zur Verfügung, um unserem Erfolgspfad zu folgen.

Als wir über die folgende Geisteshaltung gestolpert sind, überkam uns genau dieses Gefühl, zumindest die Formel für den Bau des »Perpetuum Mobiles« gefunden zu haben. Seither nutzen wir sie jeden Tag. Wir nutzen sie, wenn wir gerade ein Motivationstief verspüren, Sorgen vor einer Aufgabe aufkommen oder alles gerade viel zu viel zu werden scheint. Sie lautet:

Lebe so, als hättest Du nur noch ein Jahr zu leben.

Stell Dir vor, Du könntest mithilfe einer magischen Kugel in die Zukunft blicken. Die magische Kugel überbringt Dir die traurige Nachricht, dass Du nur noch ein Jahr zu leben hast. Was würdest Du tun?

Im Angesicht des Todes würdest Du erkennen, dass Dir noch genau ein Jahr bleibt, alle großen Träume und Wünsche zu verwirklichen. Jede Ausrede, es nicht zu tun, erschiene Dir plötzlich trivial und Du würdest Dich

sofort an die Arbeit machen. Versuche nach diesem Prinzip zu leben. Es offenbart Dir alle Antworten, die Du sonst vielleicht niemals finden könntest, weil sie zu sehr von Fremdmeinungen verzerrt wären.
Beantworte Dir folgende die Fragen:

- Was macht mich glücklich?
- Was ist der Sinn meines Lebens?
- Was will ich wirklich in meinem Leben erreichen?
- Was will ich erleben, und welche Träume und Wünsche möchte ich verwirklichen?

Du erhältst damit auch die Antwort darauf, was Du als Erstes tun solltest. Geh direkt und ohne Umwege auf die Antworten zu. Gib alles, sie in die Wirklichkeit umzusetzen, schließlich bleibt dir dafür nur noch ein Jahr.

Diese Geisteshaltung mag zu drastischen und außergewöhnlichen Entscheidungen führen, ist jedoch ein Garant und Mega-Geheimtipp für Glück, Erfolg und das intensive Leben, das jeder verdient hat.

Bei diesem Prinzip geht es darum, den zeitlichen Rahmen für die Zielerreichung extrem zu verkürzen. Das basiert auf dem sogenannten »Parkinson'schen Gesetz«, auf das wir bei der »Sundown«-Regel noch einmal stoßen werden. Es besagt, dass Du umso länger für eine Tätigkeit brauchst, je länger Du den Zeitraum für die (Teil-) Zielerreichung festlegst. Indem Du den Zeitraum also absichtlich extrem kurz wählst, kannst Du diese psychologische Grundfunktion austricksen und der Studentenkrankheit Prokrastination ein für alle Mal ein Ende bereiten!

UNBEKANNT

49.
Arbeite härter als die anderen!

Du bist nun fast bei der Hälfte der wichtigsten Lebenslektionen für Deinen Erfolg angelangt. In der zweiten Hälfte werden sich die Tipps zunehmend auf Deinen beruflichen oder unternehmerischen Erfolg konzentrieren.

Sie sind in der Lage, Dein Leben zu verbessern und unbegrenzten Wohlstand zu generieren. Der Großteil der folgenden Empfehlungen und Geheimnisse stammt von den erfolgreichsten Unternehmern aller Zeiten. Es ist extrem wichtig, dass Du sie nicht nur aufmerksam durchliest, sondern auch unmittelbar in die Praxis umsetzt. Das ist die einzige Möglichkeit, von ihrer Wirksamkeit zu profitieren.

Dazu passt die Empfehlung von Gary Vaynerchuk und Will Smith. Sie legen sehr viel mehr Wert als viele andere Unternehmer oder Schauspieler darauf, dass Du, um erfolgreich zu werden, ganz einfach sehr, sehr viel arbeiten musst. Sie leben nach einem einfachen und unvergleichlich inspirierenden Motto:

Mach Deine Arbeit, wenn sie sonst niemand tut.
Mach sie länger, besser und intensiver als der Rest.

Von der Ausrede, man habe keine Zeit, halten beide, die regulär von 16- bis 18-Stunden-Tagen sprechen, nichts. Schließlich hat jeder so viel Zeit, wie er bereit ist, zu investieren und gegenüber anderen Tätigkeiten bereit ist, abzugewinnen.

Insofern geht es vor allem um Deine Präferenzen. Je nachdem wie sie gelagert sind, hast Du mehr oder weniger Zeit für Deine Projekte, Deinen Erfolg und Deine Selbstverwirklichung. Wir alle haben identisch viel oder wenig Zeit. Für jeden von uns hat ein Tag 24 Stunden und eine Stunde 60 Minuten. Gemäß unseren Präferenzen schaffen wir es, an diesem Tag viel oder gar nichts für unseren Erfolg zu tun, weil uns etwas anderes in diesem Moment wichtiger erscheint.

Beginne also damit, Deine Präferenzen festzulegen. Werde Dir anschließend darüber klar, ob die jeweilige Präferenz Deinem persönlichen beziehungsweise beruflichen Erfolg zuträglich oder abträglich ist. Durch diese einfache Evaluation hast Du bereits genügend Anhaltspunkte dafür, welche vermeintlich wichtigen Tätigkeiten Du reduzieren kannst, wodurch Zeit für Deinen Erfolg frei wird.

Wenn es Dein Ziel ist, überaus erfolgreich zu werden, musst Du mehr und mehr Zeit in diese Tätigkeit stecken. Du musst mehr, intensiver und länger daran arbeiten als der Rest. Diese Arbeitsmoral erzeugt enorme Lernkurven und Erfolgsspiralen. Sie werden am Ende den Unterschied zwischen Dir und dem »Durchschnitt« ausmachen und Deinen Erfolg schließlich schon nach kurzer Zeit exponenziell in die Höhe schießen lassen.

Gary Vaynerchuk und Will Smith

50.
Der Unterschied zwischen Wissen und Erfahrung

Es gibt zwei Arten von Wissen. Implizites und explizites. Unter explizitem Wissen versteht man theoretische Konzepte, die in der Regel durch Bücher, Vorlesungen, oder den Fernseher transportiert werden. Man kann über sie nachdenken und sie logisch nachvollziehen – oder auch nicht.

Implizites Wissen ist Erfahrung. Es bedeutet, dass man das explizite Wissen selbst praktisch angewendet hat. Dadurch wird es zu internalisiertem, also wahrem, innerem Wissen. Denn die Erfahrung einer Tätigkeit, eines Konzeptes oder einer Methode durch eigene Anwendung ist tausendmal kostbarer als alles theoretische Wissen.

Erfahrung bedeutet, dass wir mit unseren Gefühlen und jeder unserer Zellen etwas erlebt haben und dadurch ganz gewiss sagen können, ob und wie etwas funktioniert oder nicht. Mit explizitem Wissen ist das nicht möglich. Investiere also unbedingt tagtäglich praktisch in Deine Erfahrungen. Führe die Tipps, Tricks und Methoden aus diesem Buch aus, um sie auch wirklich als internes Wissen abzuspeichern. Nur so wirst Du wirklich Ergebnisse produzieren.

Das gilt für alle Lebensbereiche. Jedes Mal, wenn Du investierst, wenn Du einen fremden Menschen ansprichst, wenn Du jemandem selbstlos hilfst, wenn Du Sport treibst, wenn Du eine unternehmerische oder private Entscheidung triffst, usw., wirst Du dadurch ein Stückchen schlauer. Denk daran:

Fehler sind die beste Lernmöglichkeit und Chance der Weiterentwicklung!

Doch Fehler kann man nur begehen, wenn man Konzepte und Methoden praktisch anwendet. Anders gesagt: Erfahrung bedeutet Bildung. Je größer der Erfahrungsschatz, umso größer der Bildungsschatz. Erfahrung kannst Du Dir überall und immer aneignen, solange Du offen anderen Menschen und neuen Ideen gegenüber bleibst.

Generell ist das erfahrene Wissen explizitem Wissen somit immer überlegen. Daher gilt es, in Deinem Erfolgsbereich möglichst viel praktische Erfahrungen zu sammeln und externes Wissen in praxiserprobte Erfahrungen umzuwandeln.

Je häufiger Du diesen Prozess wiederholst, umso größer wird nicht nur Dein Erfahrungsschatz, sondern umso intensiver werden auch die synaptischen Verbindungen zwischen den relevanten Bereichen Deines Gehirns. Das wiederum beschleunigt Deine Auffassungsgabe und Deinen Lernprozess.

ROBERT KIYOSAKI

51. Das Gesetz der 10.000 Stunden

Die Psychologen Anders Ericsson, Ralf Krempe und Clemens Tesch-Römer haben 1993 eine äußerst interessante Studie zu dem Gegensatz von implizitem und explizitem Wissen durchgeführt. Sie suchten nach der Ursache, weshalb es einige Menschen zur Meisterung einer Tätigkeit bringen und andere nicht. Was sie herausfanden, ist heute als das Gesetz der 10.000 Stunden bekannt.

Es bestätigt die Volksweisheit »Übung macht den Meister«. Die Übung und konzentrierte Tätigkeit muss hierfür – als Richtwert – ungefähr 10.000 Stunden mit Fleiß, Disziplin und Ausdauer durchgeführt werden. Dieser Zeitraum ist ungefähr notwendig, um eine Tätigkeit wirklich zur Meisterung und absoluten Weltklasse entwickeln zu können.

Das bestätigte auch der Neurologe Daniel Levitin von der McGill Universität in Montreal. Er sagt zum Gesetz der 10.000 Stunden:

»Zehntausend Stunden Übung sind notwendig, um das Niveau der Meisterung zu erlangen, das man mit Weltklasse-Experten assoziiert. Studie über Studie belegt, dass Komponisten, Basketballspieler, Schriftsteller, Schlittschuhläufer, Konzertpianisten, Schachspieler, Meister-Kriminolo¬gen immer wieder diese Zeitdauer in die Meisterung ihrer Disziplin eingebracht haben. 10.000

Stunden sind in etwa zehn Jahre lang zwanzig Stunden pro Woche oder drei Stunden pro Tag. [...] In kürzerer Zeit hat noch niemand Weltklasseformat erreicht. Es macht den Eindruck, dass das Gehirn diesen Zeitraum benötigt, um alle Dinge zu verknüpfen, die es wissen muss, um wahre Meisterung zu erlangen.«

Aus diesen Forschungsergebnissen eruierten die Wissenschaftler folgende acht Grundregeln, um das zielgerichtete Üben zu gewährleisten:

1. Fokussierung: Die Übung muss Dich mental stark fordern.
2. Führ die Übungen extrem intensiv aus und arbeite an Deinen Schwächen.
3. Wiederhole die Methoden und Übungen immer und immer wieder.
4. Übe über einen Zeitraum von mindestens zehn Jahren (wenn Du Weltspitze sein willst).
5. Überprüfe Deine Leistung nach jeder Übung und bewerte sie.
6. Setz Dir Zwischenziele oder Meilensteine.
7. Überprüfe Deine Fortschritte regelmäßig, beispielsweise durch die Rückmeldung durch deine Familie.
8. Belohne Dich für die Erreichung Deiner Meilensteine.

Ein Grund, härter, intensiver und konzentrierter zu arbeiten. Finde etwas, in dem du besonders viel Potenzial hast; konzentriere dich nur darauf und werde darin zum Experten. Erzeuge kontinuierliche Fortschritte und Wachstum und verfolge das Ziel der Meisterung Deiner Fähigkeit oder Tätigkeit.

ROBERT GREENE UND MALCOLM GLADWELL

52. Konzentrier Dich auf Deine Stärken!

Damit Du diesen Weg möglichst effizient gehen kannst, musst Du genau wissen, was Deine Stärken sind. Ebenso musst du bereit und vor allem bei unternehmerischen Vorhaben gewillt sein zu delegieren.

Delegierung wird häufig als einfach und negativ dargestellt. Dabei beschreibt es einen Prozess des Loslassens und des Wachstums. Schließlich gibt man damit persönliche oder unternehmerische Entscheidungseinheiten – und somit ein Stück der Kontrolle über das eigene Leben oder Unternehmen – zumindest ein Stück weit an andere ab.

Die Entscheidung, ob Du nun eine Fähigkeit selbst lernst, sie delegierst oder dafür ein neues Teammitglied anwirbst, benötigt eine sehr präzise Selbsteinschätzung sowie einer akkuraten Einschätzung der Fähigkeiten Deines Teams.

Schätz also nicht nur das, was Du kannst, akkurat ein, sondern auch das, was Du tun solltest. Sobald Du die Ressourcen hast, jemanden anzustellen, mach es. Delegiere jene Arbeiten, in denen Du schlecht bist und die andere besser können – und auch jene Arbeiten, die Dich langweilen und Dir gefühlt nur kostbare Zeit rauben, die zugleich aber notwendig sind.

In unserem digitalen Zeitalter kannst Du diese Tätigkeiten sogar an sogenannte virtuelle Assistenten auslagern. Über Plattformen wie fiverr.com, upwork.com, freelance.de, zirtual.com oder designenlassen.de kannst Du Dir ein ganzes virtuelles Team von Experten um Dich herum aufbauen.

Was Du auf diese Weise alles outsourcen kannst? Buchhaltung, Online-Recherchen, Marketing, Texte schreiben, Design, Datenbanken führen, Programmierung, E-Mail-Verwaltung, Kalenderverwaltung, Urlaubsrecherchen, Anrufe beantworten, Hotel- und Flugbuchungen, Transkriptionen, Reporte erstellen, Management von Social-Media-Kanälen, Management eines Blogs inklusive der Posts und sehr viel mehr!

Wende Deine kostbare Zeit anschließend vermehrt für Deine Stärken auf. Für das, was für Deinen persönlichen oder unternehmerischen Erfolg besonders wichtig ist und was Du besser kannst als andere.

Diesen Prozess nennt man auch die Konzentration auf die eigenen Kernkompetenzen. Deine Stärken sind wichtiger als Deine Schwächen. Wenn Du an Deinen Schwächen arbeitest, wirst Du dadurch zwar kompletter – ein Allrounder – verlierst aber die Möglichkeit, Dich von der »Konkurrenz« abzusetzen, zu unterscheiden und dadurch Vorteile zu generieren.

ROGER FEDERER

(BESTER TENNISSPIELER ALLER ZEITEN)

53.
So erreichst Du berufliche Exzellenz

Indem Du Deine Stärken mit dem Ziel der Meisterung in 10.000 Stunden ausübst, wirst Du automatisch besser. Um ein wahrer Meister in einer Tätigkeit oder einer Zielerreichung zu werden, muss man das, was man tut, zu 100 Prozent perfekt beherrschen wollen.

Leg Dir also die Geisteshaltung zu, dass Du Deine Ziele und Tätigkeiten nicht einfach nur mittelmäßig erreichen oder beherrschen willst. Stattdessen möchtest Du der Beste in Deinem Segment werden. Du wirst beeindruckt sein, wie diese Änderung Deiner Geisteshaltung plötzlich Deine Motivation ankurbelt und Dich zu einem produktiveren Menschen macht. Schließlich änderst Du mit dieser Herangehensweise Deine Bezugsgruppe. Du orientierst Dich nicht länger am Durchschnitt, sondern an den Besten in Deinem Geschäft. Das damit verbundene Wachstum wird Dir enorme Fortschritte bescheren.

Nichtsdestotrotz sind wir menschlich und von Natur aus unvollkommen. Doch genau das macht den Reiz aus, die absolute Perfektion in einer oder mehreren Disziplinen anstreben und auch erreichen zu können. Verfolge die Vision, dass Du das, was Du erreichen willst, besser als alle anderen tust. Eine bewährte Methode, diesem Ziel Schritt für Schritt näher zu kommen, ist das Gesetz der täglichen Verbesserung um »nur« 1 Prozent.

Es ist egal, in welchem Bereich Du erfolgreich werden willst – nimm Dir vor, darin jeden Tag nur ein Prozent besser zu werden. Den exponenziellen Effekt dieser Methode hast Du bereits in Lektion 29 kennengelernt.

Dir ist das nicht genug? Dann streb nach dem Ziel, der Beste zu werden, der Du sein kannst – in allen Lebensbereichen. Sei der beste Beziehungspartner, der beste Unternehmer, der beste Kollege oder Kommilitone, der beste Freund oder der beste Tierhalter, der Du sein kannst und den sich Dein Umfeld nur wünschen kann.

Wie Du dieses Prinzip in die Praxis umsetzt? Stell Dir dreimal täglich einen Wecker, um dieses Prinzip zu üben. Ordne dabei jeder Weckzeit ein konkretes Motiv zu. Den Wecker am Morgen kannst Du nutzen, um der bestmögliche Beziehungspartner zu sein, mittags der beste Kollege und abends der beste Freund. Jedes Mal, wenn Dein Wecker klingelt, signalisiert Dir dies, dass nun »Zeit des Gebens« ist.

Schließlich wirst Du nur Dein bestes Selbst, wenn Du mehr tust, als eigentlich notwendig gewesen wäre. Mit dieser Vorgehensweise erzeugst Du massive Motivationsspiralen.

TIGER WOODS

(BESTER GOLFER ALLER ZEITEN) UND KOBE BRYANT

54. Konzentrier Dich auf das Wesentliche!

»Ich möchte mein Leben so stark vereinfachen, dass ich so wenige Entscheidungen wie möglich fällen muss, ausgenommen darüber, wie ich am besten dieser Gemeinschaft dienen kann.«

Dieses Zitat stammt von Mark Zuckerberg. Es verdeutlicht seine Fähigkeiten, sich auf das Wesentliche zu konzentrieren und dabei sowohl anders als auch authentisch zu sein. Er verfolgt den Grundsatz:

Vereinfache Dein Leben so stark, wie es geht, damit Du Dich auf das Wesentliche konzentrieren kannst.

Wenn Du tagtäglich Entscheidungen treffen musst, die für Dich und Dein Weiterkommen eigentlich gar nicht relevant sind, dann bedeuten diese Entscheidungen nicht nur einen Zeitverlust, sondern sie lenken Dich auch gedanklich von Deiner Mission ab.

Geh jeden Tag immer wieder den einen Schritt zurück und frag Dich, ob das, was Du in diesem Moment oder am heutigen Tag tust, von all den Möglichkeiten, die Dir zur Verfügung stehen, tatsächlich das Wichtigste ist. Zuckerberg nahm sich dabei ein Beispiel an Steve Jobs. Er trug Tag für Tag die gleiche Kleidung. Er tat das nicht, wie vielfach missinterpretiert, um zu provozieren oder aus Marketinggründen, sondern aus der enormen Zeitersparnis heraus, sich keine Gedanken darüber machen zu müssen, was er morgens anziehen sollte.

Obgleich das ein extremes Beispiel ist, veranschaulicht es das Prinzip überaus gut. Es ist das Konzept, so viele Dinge, wie sinnvoll möglich, auf Autopilot zu stellen und auszulagern.

Jede Handlung, die Dir keine direkte Freude oder Glücksgefühle beschert, lässt sich dadurch auf die Probe stellen. Was würdest Du mit der überschüssigen Zeit anstellen? Und könntest Du im selben Zeitraum erfolgreicher werden, indem Du Zeitfresser auslagerst oder delegierst?

MARK ZUCKERBERG

55. Fokussier und konzentrier Dich!

Diese Technik sowie das Prinzip der Erfolgsformel gehen Hand in Hand mit einem anderen Konzept, das Deine Produktivität in ganz neue Sphären katapultieren wird. Im angelsächsischen Raum ist es bekannt als »FOCUS«:

Follow one course until you are successful.

Diese Aussage besagt zum einen, dass du einen einzigen Weg so lange verfolgst, bis Du damit erfolgreich geworden bist. Sie ist damit an das Gesetz der 10.000 Stunden angelehnt. Das kann also unter Umständen durchaus einige Zeit in Anspruch nehmen. Ist Dir das jedoch gelungen, solltest Du genau das immer und immer wieder tun. Dadurch vertiefst Du Deine Kenntnisse und Fähigkeiten und verstärkst Deine persönliche Erfolgsspirale.

Zum anderen bedeutet das Wort »FOCUS« auch Fokussierung beziehungsweise Konzentrationsfähigkeit. Sie unterscheidet viele extrem erfolgreiche Menschen vom »Durchschnitt«. Je besser Du Dich auf eine einzige Sache konzentrieren kannst, ohne Dich ablenken zu lassen, umso produktiver und effizienter arbeitest Du. Streu also Deine Aufmerksamkeit nicht, sondern konzentrier Dich auf eine Sache und wiederhole und praktiziere diese Sache so lange, bis sie Dir in Fleisch und Blut übergegangen ist und Du sie auch ohne nachzudenken ausüben kannst.

Beginnst Du damit, Dich mehrere Stunden nur einer einzigen Tätigkeit zu widmen, wirst du bemerken: Spaß und Motivation nehmen häufig mit der Zeitdauer der Ausübung der Tätigkeit exponentiell zu, und Du willst gar nicht mehr davon ablassen.

ROBERT KIYOSAKI

56. Sei Dir über Deine Mission im Klaren!

»Wäre Geld unsere einzige Motivation, hätten wir die Firma vor langer Zeit verkauft und würden jetzt am Strand liegen.«

LARRY PAGE

Während viele Menschen mit der Idee an eine Tätigkeit herangehen, möglichst viel Geld zu verdienen, wissen erfolgreiche Menschen, dass es für den unternehmerischen Erfolg weitaus mehr bedarf.

Zum einen musst Du Deine Mitmenschen von Dir überzeugen. Das geht nur, wenn Du ehrlich und authentisch bist und sie Dir infolgedessen vertrauen. Dann ist es aus unternehmerischer Sicht auch deutlich einfacher, dass Sie Deine Produkte oder Dienstleistungen mit Freude konsumieren wollen.

Zum anderen musst Du sie davon überzeugen, dass das, was Du tust, wichtig ist. Indem Du also eine Mission formulierst, die weit über Deine persönlichen oder unternehmerischen Interessen hinausgeht, nimmst Du Deine Mitmenschen oder Kunden in die Mitverantwortung und lässt sie an Deiner größeren Geschichte teilhaben.

Diese Mission ist Dein Leitfaden. Sie ist der komprimierte Grund, weshalb und worin Du erfolgreich werden willst. Sie kannst Du Dir mit einer einzigen Frage jeden Morgen auf das Neue beantworten:

Wofür stehe ich heute auf?

Eine Mission ist enorm wichtig, damit Dir nicht die Motivation ausgeht – der Erfolgstreibstoff. Nur wenn Du Anstrengung, Schweiß und Arbeit in etwas investierst, kannst Du auch Ergebnisse erwarten. Wenn Du oben nichts hineingibst, wie soll unten etwas herauskommen? Einmal mehr berühren wir damit das Gesetz von Ursache und Wirkung. Es zu nutzen ist das einfachste und schwerste Erfolgsrezept zugleich. Was kann Dich also noch motivieren?

Tiger Woods hatte darauf zwei hilfreiche Antworten. Er war stets darum bemüht, die Übungen und Methoden wettbewerbsorientiert und spielerisch lustig zu gestalten. Beide Aspekte sind enorm starke Motivationstreiber und bilden unseren menschlichen Kern.

Gegen andere zu konkurrieren, spornt uns an, den extra Schritt zu gehen und über uns hinauszuwachsen. Die Methoden und Übungen spielerisch zu gestalten, sorgt darüber hinaus für mehr Freude und Spaß. Diese positiven Emotionen beschleunigen Lernprozesse enorm!

LARRY PAGE UND TIGER WOODS

57.
Übe, übe, übe!

Indem Du nach diesem Prinzip vorgehst, hast Du ein konkretes Ziel, den motivierenden Grund, weshalb Du es verfolgst sowie einen konkreten Zielerreichungsplan. Damit spricht Michael Jordan die bereits dargestellte Meisterung einer Disziplin an.

Mit jeder weiteren Stunde, die Du Dich mit einer Tätigkeit beschäftigst – ob theoretisch oder praktisch – geht sie Dir noch mehr in Fleisch und Blut über. Sobald Du eine gewisse theoretische und praktische Grundkenntnis in einem Bereich besitzt, wirst auch Du zunehmend in der Lage sein, Deine Individualität und Kreativität in das Erlernte mit einfließen zu lassen und dadurch etwas völlig Neues zu kreieren.

Je länger und intensiver Du etwas übst und trainierst, umso besser wirst Du darin. Dabei spielt die Anzahl der Wiederholungen eines kleineren Teilbereichs eine zentrale Rolle. Genau dafür sorgen auch Erfolgsspiralen, weil Du Deinen Körper und Dein Unterbewusstsein dadurch in einen Automatismus überführst.

Indem Du kleine Teilschritte immer und immer wieder wiederholst, erreichst du den Punkt, an dem Du über das, was Du tust, nicht mehr länger nachdenken musst. Es passiert völlig intuitiv und automatisch. Die

Automatisierung einer Bewegung, das sogenannte Bewegungslernen (wie beim Klavierspielen, Golfschlag, Stricken, Autofahren, ...) führt zu automatisierten Bewegungsabläufen.

Das sind abrufbare perfekte Bewegungen, die auch unter verschiedensten und erschwerten Bedingungen ausgeführt werden können. Die perfekte Bewegung wird sich nur durch viel Üben und emsiges Training zeigen. Im Durchschnitt spricht man, je nach Komplexität der Bewegung, von 10.000 bis 50.000 Bewegungsabläufen, um »Perfektion« zu erreichen.

Teile komplexere Ziele, Tätigkeiten oder Bewegungen also in kleinere und weniger komplexe Einheiten ein und wiederhole diese Tag für Tag immer und immer wieder. Dadurch erreichst Du relativ rasch die Meisterung kleiner Teilbereiche, bleibst motiviert und meisterst somit über die Kombination der Teilbereiche schon bald komplexe Felder.

Michael Jordan

58.
Mach kleine Schritte!

Gerade zu Beginn des eigenen Erfolgsweges erhofft man sich magische Ergebnisse, die sich plötzlich über Nacht und ohne großen eigenen Einsatz ergeben. Auch wir waren anfangs naiv genug, uns von den vielen Versprechungen »schnell erfolgreich, reich und einflussreich zu werden« vereinnahmen zu lassen.

Diese Erfahrungen waren für unser Erfolgsverständnis überaus wertvoll – Dir möchten wir sie dennoch gerne ersparen. Jeder große Erfolg besteht immer aus vielen kleinen »Babyschritten«. Niemand, der einen Marathon läuft, ist nach den ersten beiden Schritten im Ziel. Und genauso ist es mit dem persönlichen oder unternehmerischen Erfolg.

Jeder kann unternehmerischen Erfolg systematisch erreichen, doch dafür muss man vorher sehr viele kleine Schritte machen.

Mit jedem weiteren Schritt näherst Du Dich Deinem Ziel – Deinem Erfolg. Jeder weitere Schritt ist ein Schritt weniger. Betrachte also jeden Schritt wie einen Ziegelstein, mit dem Du das Fundament Deines Hauses errichtest.

Jeder dieser Schritte kommt mit einer Mischung aus neuem theoretischen Wissen und praktischer Erfahrung. Diese Mixtur ist es, die auf lange Sicht Deine einzigartige Erfolgstinktur auszeichnet.

Jeder überaus erfolgreiche Mensch bestätigt, dass sich dieser Erfolg auf vielen kleinen Schritten gründet.

Will Smith und Kobe Bryant

59.
So genießt Du den Weg zum Erfolg

Konfuzius gilt als einer der einflussreichsten Denker seiner Zeit. Für ihn war es kein Geheimnis, dass Erfolg aus vielen kleinen Teilschritten besteht. Mit seinem Zitat »Der Weg ist das Ziel« beschrieb er einen überaus zentralen Gedanken.

Die Freude an der Tätigkeit ist der Treibstoff des Erfolgs.

Es geht nicht darum, schnellstmöglich ein Ziel zu erreichen. Dieser Gedanke allein zeigt bereits, dass wir den Weg dorthin nicht mit Freude gehen und auch nicht genießen.

Außerdem lässt diese Herangehensweise den Rückschluss zu, dass wir davon ausgehen, durch die Erreichung unserer Ziele glücklich zu werden. Welch Tragödie!

Das wahre Geheimnis bleibt uns dadurch nämlich verborgen. Das Geheimnis, bereits in jedem Augenblick des Weges dieses Glück verspürt zu haben.

Wenn Du die Reise zum Erfolg genießt und sie Dir Freude bereitet, wird sich dies in der Qualität Deiner Tätigkeit widerspiegeln. Doch noch wichtiger: Dieses Gefühl wird es sein, das Deinen Erfolg exponenziell beschleunigt. Sei bei der Ausführung einer Tätigkeit also bewusst und präsent.

Konfuzius (Philosoph)

60.
Achte vor allem auf die kleinen Dinge!

Immer wieder zeigen statistische Erhebungen, dass 90 Prozent der neu gegründeten Unternehmen ihr Geschäft nach spätestens fünf Jahren aufgegeben haben. Diese Zahl könnte sich mit den Tipps aus diesem Buch deutlich senken lassen.

Es liegt unter anderem an dem Phänomen, dass man gerade, wenn man etwas Neues beginnt, zu viel Wert auf die großen und zu wenig Wert auf die kleinen Dinge legt. Am Ende schiebt man die Schuld auf das Nicht-Gelingen des großen Ziels. Darüber vergisst man schnell, dass man das große Ziel deshalb nicht erreicht hat, weil man viele der kleinen Schritte, die Babyziele, nicht beachtet hat. Merk Dir daher:

»Es sind immer die kleinen Dinge, die uns scheitern lassen.«

Erst die Anhäufung der kleinen Dinge, die man im Laufe der Zeit vernachlässigt, führt dazu, dass man an etwas Größerem scheitert. Deshalb solltest Du jedem Deiner kleinen Teilziele Deine volle Aufmerksamkeit schenken. Wenn Du zum Beispiel immer wieder vergisst, die Belege Deiner Ausgaben aufzubewahren, und sie nicht in Deine Buchhaltung einpflegst, verpasst Du die Möglichkeit, Deine Steuerlast zu senken und damit Deinen Cashflow zu erhöhen.

Das mag zwar in der Einzelrechnung nur eine geringe Rolle spielen. Vernachlässigst Du aber immer wieder gleich mehrere dieser vermeintlich kleinen Dinge, wird der Preis, den Du dafür bezahlen musst, mit der Zeit immer höher. Schlimmstenfalls riskierst Du damit die Zahlungsfähigkeit und dadurch den Erfolg in einem Lebensbereich.

Mach es Dir also zur Gewohnheit, den vermeintlich kleinen Dingen denselben Stellenwert einzuräumen wie vermeintlich größeren Dingen.

Erfolgsspiralen bestehen zum Beispiel überwiegend aus diesen kleinen Minizielen, die sich im Laufe der Zeit zu riesigen Erfolgs- und Motivationsspiralen ausdehnen – und darüber gelingt es Dir, auch Deine großen Ziele mit Leichtigkeit zu erreichen.

TONY ROBBINS

61.
So tust Du die richtigen und wichtigen Dinge

Gerade als Unternehmer kommt es gar nicht so stark darauf an, alles perfekt und effizient zu machen. Es mag zwar verführerisch sein, sich auf die absolute Perfektion zu stürzen, allerdings ist das kein besonders wichtigster Erfolgsbaustein.

Sehr viel wichtiger im Hinblick auf Deine Handlungen ist es, Dich darauf zu konzentrieren, die richtigen und besonders wichtigen Dinge zuerst zu erledigen.

Du wirst nämlich ständig und immer wieder dazu verführt, 20 Dinge gleichzeitig zu tun. Doch die wahren Künstler unter den erfolgreichen Menschen – jene, die sich vom Rest abheben – fokussieren eine einzige Tätigkeit. Überleg dir immer, zum Beispiel anhand Deiner Ziele oder Zielplanungen, was der nächste wichtige Schritt ist, um der Verwirklichung dieses Ziels näherzukommen.

Das bezeichnet Timothy Ferriss auch als den Unterschied zwischen Effizienz und Effektivität. Effizient kann man immer und überall sein

– egal in welchem Bereich oder welcher Tätigkeit. Doch effektiv ist man nur, wenn man sich auf die wirklich wichtigen Dinge zuerst konzentriert und diese erledigt.

Dadurch nutzt Du die Kraft Deiner Aufmerksamkeit. Statt Deine Konzentration wie eine Glühbirne über den gesamten Raum zu verteilen, bündelst Du sie wie ein Laser auf eine einzige Sache. Dadurch verbesserst Du das Ergebnis und die Qualität Deiner Arbeiten sogar deutlich effektiver.

Auf Dein Geschäft übertragen, ist es also besonders wichtig, Dich auf die Dinge ganz besonders zu konzentrieren, die Einkommen produzieren.

Behalte immer im Hinterkopf, wie wichtig die Steigerung Deines Cashflows für Deinen finanziellen Erfolg ist. Verstärke jene Tätigkeiten, die Dir bereits jetzt Geld einbringen und die gut für Dich funktionieren.

Analysiere dafür neutral und sachlich, welche Aktionen und Tätigkeiten das sind und erweitere, intensiviere und verbessere sie anschließend.

Schließlich zeigen sie eindeutig, dass sie im Markt sowie von Deiner Zielgruppe bereits angenommen werden. Alle weiteren Tätigkeiten und Prozesse solltest Du entweder eliminieren, an andere delegieren oder outsourcen.

Oprah Winfrey und Timothy Ferriss

62. Das Pareto-Prinzip als geheimer Erfolgsschlüssel

Die beste Faustregel für maximale Effektivität, die überdies dafür sorgt, dass man die wirklich wichtigen Dinge tut, ist die sogenannte 80/20-Regel – auch bekannt als das »Pareto-Prinzip«.

Das Pareto-Prinzip besagt, dass 80 Prozent der Auswirkungen aus lediglich 20 Prozent der Ursachen resultieren.

Ursprünglich stammt das Pareto-Prinzip aus der Wirtschaftslehre – genauer: der Kapitalallokation. Es zeigt auf, wie Kapital an den richtigen, risikominimierten und renditemaximierten Stellen anzulegen ist.

Es ist allerdings eine Universalregel und damit auch auf den unternehmerischen und beruflichen Erfolg übertragbar. 20 Prozent der Arbeitszeit und Leistung sind beispielsweise für etwa 80 Prozent des Umsatzes oder Gewinns verantwortlich. Die restlichen 80 Prozent Arbeitszeit führen dann nur noch zu 20 Prozent der Umsätze oder Gewinne. Auch diese Tatsache kennen nur sehr wenige Entrepreneure. Sie verpassen damit die Chance, relativ einfach sehr viel erfolgreicher zu werden.

Identifiziere die 20 Prozent eines Prozesses, die für 80 Prozent des Ergebnisses sorgen. Anschließend fokussierst Du Dich darauf, genau diese 20 Prozent zu verbessern und zu skalieren.

Wenn Du das Pareto-Prinzip begreifst und für Dich einzusetzen weißt, wird Deine Produktivität und Effektivität neue Höhen erklimmen. Du schlägst damit zwei Fliegen mit einer Klappe: Auf der einen Seite reduzierst Du schrittweise alle unnötigen Tätigkeiten, die keinen persönlichen, beruflichen oder unternehmerischen Erfolg versprechen und ge¬staltest damit schlankere Strukturen und eine effizientere Arbeitsumgebung. Auf der anderen Seite identifizierst Du auch jene Bereiche, die besonders Erfolg versprechend sind. Sie zu verbessern und Deine Zeit verstärkt darin zu investieren, führt zu einem überproportionalen Anstieg Deiner Ergebnisse. Für Dich innerhalb Deines Unternehmens heißt das: Konzentriere Dich auf Deine Kernkompetenzen. Tu das, was Du besser als jeder andere kannst. Verfeinere und verbessere diesen Prozess stetig und überprüfe, ob Du damit überproportionale Ergebnisse erzielst. Ist das der Fall, folge diesem Pfad.

Ansonsten orientier Dich neu und beginn den Prozess von vorne. Das Pareto-Prinzip ist ein dynamischer Prozess, der niemals zu einem Optimum gelangt. Insofern ist es ein Wachstumsprinzip – und Wachstum ist gleichbedeutend mit Erfolg und Glück.

Vilfredo Pareto und Timothy Ferriss

63.
Tu es niemals für Geld!

Eine Arbeit nur für Geld zu machen, ist verschwendete Lebenszeit. Schließlich verbringen wir deutlich mehr als ein Drittel unseres Lebens mit Arbeit. Dasselbe gilt, solltest Du vorhaben, Dich selbstständig zu machen oder ein Unternehmen zu gründen. Mach niemals Geld zum entscheidenden Motiv.

Steve Jobs erklärte einmal, dass Apple, als er 23 Jahre alt war, einen Wert von 1 Million US-Dollar hatte. Ein Jahr später, im Alter von 24 Jahren, waren es bereits rund10 Millionen US-Dollar. Ein weiteres Jahr später war Apple bereits 100 Millionen US-Dollar wert. Er betonte immer wieder, dass das Geld für ihn absolut nicht entscheidend war.

Sonst hätte er sein Unternehmen spätestens im Alter von 25 Jahren verkauft (bis zu seinem Lebensende hat er keine einzige eigene Aktie verkauft!) und den Rest seines Lebens in der Hängematte einer karibischen Insel verbracht. Er hat also weder für das Geld gearbeitet, noch hat er das Unternehmen gegründet, um damit reich zu werden.

Wichtig für Steve Jobs waren sein Unternehmen, seine Mitarbeiter und seine Kunden. Daraus kannst Du eine wichtige Lektion lernen: Unsere Arbeitstätigkeit, ganz egal ob als Angestellte, Selbstständige oder Unternehmer, sollte niemals darauf ausgerichtet sein, damit Geld zu verdienen.

Schließlich ist Geld ein sehr kurzfristiger Motivator.
Spaß und Freude an der Arbeit, die Möglichkeit, sich darin selbst zu verwirklichen und zu wachsen, sind hingegen unbestechliche und unendliche Motivationsfaktoren. Geld ist insofern wichtig, als es Dir erlaubt, aufregende und neue Dinge zu tun und es in Ideen zu investieren, die langfristig orientiert sind und Erfolg versprechen.

STEVE JOBS

64. So setzt Du Deine Ideen in die Realität um

Der Unternehmer Gary Vaynerchuk versucht in seinen Reden, seine Hörer immer durch Provokation aus der Reserve zu locken. Eine seiner beliebtesten Aussagen ist:

»Ideen sind purer Mist!«

Er geht sogar noch weiter und sagt, dass gute Ideen überhaupt nichts bedeuten. Schließlich habe jeder von uns jeden Tag mindestens eine gute bis geniale Idee. Doch das habe noch lange nichts zu heißen. Der Unterschied zwischen einem erfolgreichen und aufstrebenden Menschen und einem »durchschnittlichen«, stagnierenden oder absterbenden Menschen sei es nämlich, wie konsequent er diesen Ideen nachginge und sie verwirkliche.

Damit stimmen wir absolut überein. Ganz egal, wie genial Deine Ideen sein mögen. Es dreht sich alles um deren Ausführung. Nur wer handelt und in seinen Handlungen konsequent, motiviert und produktiv ist, wird damit auch erfolgreich.

Schon Goethe wird das Zitat nachgesagt:

»Erfolg hat drei Buchstaben. TUN.«

Vaynerchuk hat also vollkommen Recht mit seiner Aussage. Jeder hat Ideen. Aber kaum jemand macht etwas daraus.

»Es sind nicht die Denker, sondern die Macher, die die Welt verändern.«

GARY VAYNERCHUK

65.
Ergreif die Möglichkeiten, die sich Dir bieten!

Indem Du die Tipps annimmst und in Dein Leben implementierst, wirst Du Chancen und Möglichkeiten »en masse« generieren.

Doch das genügt nicht, um Deinen Erfolg wirklich zu skalieren und dynamisch wachsen zu lassen. Dafür braucht es etwas, das noch sehr viel wichtiger ist. Du musst die Chancen und Möglichkeiten ergreifen und auch in die Tat umsetzen, um wirklich etwas erreichen und erfolgreich werden zu können.

Nur wenn Du Verantwortung übernimmst und aktiv wirst, kannst Du Dein Leben verändern. Damit Du diesen Prozess besonders effizient und für Dich vorteilhaft gestalten kannst, musst Du so präsent und aufmerksam wie möglich sein. Nur dann wirst du die von Dir generierten Chancen und Möglichkeiten überhaupt wahrnehmen.

Der erste Schritt beginnt immer mit der Wahrnehmung. Nur was Du siehst, kannst Du auch ergreifen.

Du kannst von Erfolgsmöglichkeiten aller Art umzingelt sein und sie dennoch nicht sehen, wenn Du nicht präsent und aufmerksam von Deiner Wahrnehmung Gebrauch machst. Bleib also wach und aufmerksam, achte auf die Möglichkeiten, die sich Dir bieten, und dann ergreife sie, so schnell Du kannst! Spätestens dann hat Dein Erfolg nichts mehr mit Zufall zu tun. Denn bedenke:

»Der Zufall trifft nur einen vorbereiteten Geist.«

LOUIS PASTEUR

Spätestens an dieser Stelle des Buches wird Dir klar sein, dass das Wort »Zufall« in diesem Zusammenhang ironisch gemeint ist. Wir selbst kreieren Chancen und Möglichkeiten, und wir selbst sind es, die sie wahrnehmen und ergreifen oder nicht.

Es ist deshalb auch extrem wichtig, dass Du positiv denkst. Denkst Du negativ, dann verschließt Du Dich Deiner Erfolgsmöglichkeiten, weil Du Möglichkeiten und Chancen unter Umständen gar nicht mehr wahrnimmst. Du wirst regelrecht von Deinen negativen Gedanken vereinnahmt, sodass du selbst erstklassige Chancen nicht mehr wahrnimmst.

Sieh also zu, dass Dein Geist stets bereit ist, Positives und potentielle Gelegenheiten, die Dich näher zum Erfolg führen, zu ergreifen.

BRUCE LEE UND OPRAH WINFREY

66. Triff schnelle Entscheidungen!

Würden wir behaupten, dass die Qualität Deiner Entscheidungen für Deinen Erfolg gar nicht so wichtig ist, würdest Du uns vermutlich nicht länger für bare Münze nehmen.

So ging es auch uns bei der ersten Begegnung mit diesem Konzept. Die Auseinandersetzung damit ergab jedoch, dass es absolut wahr ist und die meisten Menschen diesem Missverständnis aufsitzen. Der berühmte Autor Carlos Castaneda sagte dereinst:

»Sorge Dich und denke nach, bevor Du eine Entscheidung triffst, aber sobald Du sie einmal getroffen hast, geh Deinen Weg, frei von Sorgen und Bedenken; denn es erwarten Dich noch Millionen weitere Entscheidungen.«

Es geht darum, überhaupt eine Entscheidung zu treffen und dieser zu folgen, ohne sie je zu bereuen. Denn egal, wie »schlecht« die Entscheidung auch gewesen sein mag: Du hast dadurch etwas sehr viel Wichtigeres gewonnen – Erfahrung.

Auf der Basis dieser Erfahrung triffst Du Deine künftigen Entscheidungen. Insofern kann eine vermeintlich schlechte Entscheidung zur besten Entscheidung Deines Lebens werden!

Dieses Phänomen, dass ein »Fehler« praktisch mindestens identisch wirksam wie ein erfolgreicher Ausgang ist, kennt man aus der Lernforschung.

Den Weg zum Ziel beschleunigt man, indem man mittels Entscheidungen – ergebnisneutral – Erfahrungswerte aufbaut.

Dich darüber hinaus relativ schnell zu entscheiden, bietet noch einige weitere Vorteile. Eine spontane Entscheidung wird im Unterbewusstsein getroffen und basiert somit auf Deinen Erfahrungswerten.

Zudem vermeidest Du dadurch das jedem Studenten bekannte Phänomen der Prokrastination. Dieses macht nicht selten aus einer Mücke einen Elefanten und erzeugt aus einer vermeintlich unwichtigen Entscheidung das Bedürfnis nach einem ganzen Beratungskommando mit Jury.

Entscheide Dich also schnell, aber trotzdem nicht unüberlegt!

Dadurch übernimmst Du nicht nur die Verantwortung für Dein Leben, sondern steigerst auch Deine Produktivität enorm, weil Du Deinen Fokus nicht länger von einer bevorstehenden Entscheidung ablenken lässt und mit jeder neuen Entscheidung Fortschritte machst.

CARLOS CASTANEDA

(AUTOR)

67. So erzeugst Du Momentum und kommst in die »Zone«

Indem Du Entscheidungen schnell triffst und in die Tat umsetzt, erzeugst Du »Momentum«. Vor allem Sportler beschreiben immer wieder, dass es Momente in Wettkämpfen gibt, da ihnen der Sport von Sekunde zu Sekunde immer einfacher fällt.

Für Basketballer scheinen der Korb und für Golfer das Loch immer größer zu werden. Vielleicht hast auch Du dieses Phänomen schon einmal beim Sport oder während der Arbeit erlebt.

Der Begriff für diesen flowähnlichen Zustand ist am besten mit dem englischen »zone«, zu Deutsch: »Tunnel« zu beschreiben. Das Momentum kann sich aber auch in einer Negativspirale selbst verstärken, wenn zum Beispiel jeder Arbeitstag immer noch unerträglicher wird.

Den Begriff charakterisieren einige Aspekte, die Du unbedingt kennen solltest, um sie gewinnbringend für Dich nutzen zu können. In der Zone baust Du nämlich Momentum auf, der möglicherweise stärkste bekannte Erfolgsbeschleuniger.

Das Momentum könnte man beschreiben als sich beschleunigende Erfolgsspirale. Erfolgsspiralen verstärken sich selbst, und genau das schafft auch Momentum. Es beschreibt die akkumulierte Kraft aufeinander folgender erfolgreicher Momente, die zu immer erfolgreicheren Momenten führen.

Die treibende Kraft dahinter ist die Bewegung. Etwas in Bewegung zu versetzen, benötigt immer die größte Kraftanstrengung. Anschließend ist deutlich weniger Kraftanstrengung vonnöten, um weitere Beschleunigung zu erreichen. Wie eine Dampflok durchschlägt man dann Hindernisse mit Leichtigkeit. Alles, was Du tust, vermindert Dein Momentum oder verstärkt es.

Der Rhythmus – als Grundprinzip und Teilaspekt von Momentum – ist die womöglich stärkste Kraft im Universum. Rhythmus ist die konsequente und stetige Wiederholung einer Aktion. Rhythmus durchdringt unsere Welt und bildet die Grundlage aller Existenz.

Rhythmus ist Gleichmäßigkeit. Eine Tätigkeit oder einen Prozess also einmal ins Rollen gebracht, ist nur noch regelmäßiger rhythmischer Einsatz gefragt, die Tätigkeit oder den Prozess aufrecht zu erhalten oder gar zu beschleunigen.

Momentum ist so gesehen Anfangseinsatz plus Rhythmus.

Grundsätzlich fällt es uns wesentlich leichter, eine Tätigkeit zu verfolgen, wenn wir uns wohl fühlen. Dieser Wohlfühlfaktor ist auch für den Aufbau von Momentum entscheidend. Dann fällt uns nämlich gerade der schwierigste Aspekt – der Beginn – leicht, und unsere Motivation wird uns nicht im Stich lassen. Dabei beeinflussen sich das Wohlfühlgefühl und die Erfolge des Momentums gegenseitig.

Tu also alles dafür, Dich so wohl wie möglich zu fühlen. Das macht es sehr viel einfacher, Momentum aufzubauen und damit Deinen Erfolg anzuspornen.

Momentum erzeugt darüber hinaus extrem schnell wachsende Lernkurven. Indem Du Momentum aufbaust und rhythmisch am Laufen hältst, werden Deine Lernfortschritte exponenzielle Sprünge machen.

Mach Dich also sofort daran, Momentum zu schaffen. Auf diese Weise baust Du Dir Deinen eigenen Erfolgsautomatismus, und Dein Erfolg wird zum Selbstläufer.

Zusammenfassend sind Momentum in Bewegungsenergie verwandelte Gewohnheiten, die durch Rhythmus und positive Emotionen zu exponenziellen Lernkurven und Erfolgsspiralen führen.

»Momentum aufzubauen, ist der einzig sinnvolle Weg, mit Problemen und schwierigen Situationen umzugehen.«

BODO SCHÄFER UND MICHAEL JORDAN

68. So erledigst Du Aufgaben rasch und nacheinander

Aufgaben aufzuschieben, ist Gift auf dem Erfolgspfad. Das Gegenteil hingegen, Aufgaben sofort anzunehmen und zu erledigen, ist ein außerordentlicher Erfolgstreiber und kann Momentum erzeugen.

Darüber sind sich alle erfolgreichen Menschen einig. Bill Gates bezeichnete sich zum Beispiel während Schulzeit und Studium als chronischen Aufschieber, der immer erst zwei Tage vor der Klausur zu lernen begann. Er erwähnt häufig, dass ihn diese Einstellung zwar mittelmäßig durch die Bildungseinrichtungen führte, sie allerdings für sein Unternehmen Microsoft – bis er diese Eigenschaft ablegte – ausgesprochen nachteilig war.

Kobe Bryant empfiehlt, nichts zu überstürzen, sondern eine Sache nach der anderen zu tun. Nur so kannst Du Deine Konzentration fokussieren und qualitativ hochwertig und zugleich produktiv sein. Er vergleicht diesen Prozess damit, ein Produkt zu kreieren. Heutzutage entsteht nahezu jedes Produkt über sehr viele kleine Einzelschritte. Die jeweiligen Prozessabschnitte werden jedoch ständig verbessert. Nur so ist es möglich, am Ende ein entsprechend großartiges Produkt zu schaffen.
Genauso verhält es sich mit unserem Erfolg. Er erfordert Ziele und zielge-

richtete, einem Plan folgende Taten. Diese sich wiederholenden Tätigkeiten können wir bis in das kleinste Detail zerlegen und jeden dieser Teilaspekte perfektionieren. Auf diese Weise wird das Ganze am Ende sehr viel mehr als die Summe seiner Teile ergeben.

Dir muss dafür unbedingt klar sein, wo Du gerne hinwillst. Von dort aus kannst Du dann rückwärts arbeiten und alle kleinen Teilschritte eruieren, die dafür erforderlich sind. Halte Dich also an die Empfehlungen unseres Zielbuchs. Mache Dir den Endzustand klar und teile diesen in immer kleinere Schritte ein, die Du gehen musst, um dorthin zu gelangen. Diese führst Du dann immer und immer wieder aus. Auf diese Weise perfektionierst Du sie und schaffst Momentum und Erfolgsspiralen.

Mit welchen Aufgaben Du beginnen solltest, den schweren oder den einfachen, darüber sind sich die erfolgreichen Menschen auch nicht ganz einig. Mark Zuckerberg vertritt den Standpunkt, immer zuerst die leichten Dinge zu erledigen. Fängst Du nämlich mit den schwierigen Sachen an, so Zuckerberg, dann kann das den ganzen Tag gefährden, wenn diese nicht gelingen. Wenn Du allerdings zuerst die leichteren Dinge erledigst, dann schaffst Du Dir frühzeitig Erfolgsmomente und verstärkst Deine Motivation, anschließend auch die schwierigeren Aufgaben erfolgreich zu meistern.

»Ich denke, dass eine einfache Geschäftsregel ist, erst die leichteren Dinge zu erledigen, dann kannst Du tatsächlich einen riesen Fortschritt machen.«

MARK ZUCKERBERG

Auf der anderen Seite gibt es Verfechter einer anderen Strategie. Sie sagt, man solle zuerst jene Aufgaben angehen, die am meisten Angst machen – vielleicht weil sie schwer sind. Aus unserer Sicht ist diese Empfehlung etwas nützlicher, da sie den Fokus zugleich auf die Persönlichkeitsentwicklung legt.

Meistens stellen sich diese vermeintlich »Angst machenden« Aufgaben als völlig harmlos heraus. Auf jeden Fall schaffen sie – nach Erledigung – einen massiven Motivationsschub und beschleunigen Erfolgsspiralen und Lernkurven.

Du allein musst entscheiden, welche der beiden Erfolgsmethoden Dir mehr zusagt und besser zu Dir passt. Entscheidend ist letzten Endes ohnehin die Tatsache, sofort tätig zu werden.

Arbeite die Aufgaben so schnell wie möglich nacheinander ab und perfektioniere dabei die Einzelschritte durch häufige Wiederholung. Das führt zu einer Verstärkung Deines Momentums.

Das Geheimnis des Fortschrittes ist es anzufangen.

MARK ZUCKERBERG, BILL GATES UND KOBE BRYANT

69. Bleib Deinem Plan treu und halt durch!

Eine Vision ist ähnlich einer Utopie und erträgt nicht unbegrenztes Momentum. Sie ist ein Traumzustand, der nur über viele kleine Teilziele erreicht werden kann.

Barack Obama betont, dass man einen Plan und eine Strategie benötigt, um ein Ziel verwirklichen zu können.

Dieser Strategie muss man dann konsequent treu bleiben, sie befolgen und Durchhaltevermögen beweisen.

Die meisten Menschen scheitern nämlich ganz kurz vor dem Ziel. Beginn also damit, gemeinsam mit der Zeit zu arbeiten und nicht gegen sie. So kannst Du wahrhaft – mit Geduld und Ausdauer– Berge versetzen. Räume der Strukturierung Deiner Ziele daher eine hohe Priorität ein. Es ist Dein Aktionsplan, den Du Tag für Tag, Stück für Stück ausführst und der Dich zum Erfolg führt.

Viele mögliche Vorkommnisse könnten Dich dazu verleiten, Deine Strategie zu ändern. Zum einen wirst Du im Laufe der Zeit Schwierigkeiten verspüren, Dich weiter zu motivieren. Das ist häufig ein Zeichen dafür, dass Du Deinem Ziel bereits sehr nah gekommen bist – kein Grund, etwas zu verändern!

Auf der anderen Seite kann eine Anpassung Deines Plans aufgrund unvorhergesehener Ereignisse oder dem Lernkurveneffekt durchaus angebracht sein. Trotzdem sollten Plananpassungen adäquat und relativ marginal sein. Wenn Du Dich einmal auf ein Ziel und einen Aktionsplan festlegst, solltest Du ihm auch treu bleiben, um dynamische Erfolgsspiralen entwickeln zu können.

Darüber hinaus haben eine durchdachte Strategie und ein Aktionsplan den Vorteil, etwaige Panik aufgrund der schieren Größe Deines Ziels einzudämmen.

Barack Obama und J. K. Rowling

70. Deine Bezugsgruppe definiert, wer Du bist

»Du bist der Durchschnitt der fünf Menschen, mit denen Du am meisten Zeit verbringst.«

JIM RON

Diese Erkenntnis war für uns eine wahre Offenbarung. Gerade weil sie so einfach ist, besitzt sie einen unvergleichlich hohen Wahrheitsgehalt und ein außergewöhnliches Potenzial, auch Dein Leben in nur einem Wimpernschlag zu verändern.

Beginn den Erkenntnisprozess am besten mit der Reflexion über Deine eigene Bezugsgruppe. Die Gruppe der fünf Menschen, mit denen Du am meisten Zeit verbringst.

Welche Charaktereigenschaften zeichnet diese Menschen aus? Sind sie eher erfolgreich oder nicht? Treiben sie Sport und sind aktiv, oder sind sie eher eine Ansammlung von »Couchpotatoes«?

Die Antworten auf die Fragen werden Dir zeigen, wer Du bist. Du wirst reihenweise Zusammenhänge zwischen Dir und Deiner Bezugsgruppe in Bezug auf Deinen Charakter, Deine persönliche Entwicklung und

Deinen Erfolg feststellen.

Dein Umfeld und insbesondere die Bezugsgruppe der fünf Menschen, mit denen Du am meisten Zeit verbringst, definiert zu einem großen Teil Deine Denkweisen, Verhaltensweisen, Dein Einkommen und Deinen Erfolg.

Das ist ein Gesetz, das sich biologisch erklären lässt. Unser Gehirn ist mit sogenannten Spiegelneuronen ausgestattet, einem Resonanzsystem für Gefühle und Stimmungen anderer Menschen. Gegenüber allen anderen Primaten besitzen wir Menschen ein Vielfaches an Spiegelneuronen. Viele Forscher führen darauf sogar unseren evolutionären Vorsprung ihnen gegenüber zurück. Spiegelneuronen sind vermutlich dafür verantwortlich, dass die Vorgänge der Imitation und des Mitgefühls überhaupt möglich sind.

Das Spiegelneuron, eine Nervenzelle, zeigt bei der Betrachtung einer Aktion dieselbe Aktivität – als würde diese Aktion von der betrachtenden Person selbst ausgeführt. Wie der Name schon sagt, sorgen Spiegelneuronen dafür, dass wir das Verhalten anderer, zum Beispiel das von Mutter und Vater im Babyalter, nachahmen können. Sie sind somit ein zentraler Bestandteil unserer Fähigkeit zu lernen. Lernen vollzieht sich zu einem großen Teil durch Imitation und Nachahmung.

Spiegelneuronen funktionieren unbewusst. Sie müssen nicht bewusst aktiviert werden. Deshalb sind gerade Bezugsgruppen im Hinblick auf unsere persönliche Entwicklung so effektiv. Sie stellen schließlich den Mittelpunkt für unsere Imitationsfähigkeit und Gefühlswahrnehmung dar.

Umgibst Du Dich also mit enthusiastischen, erfolgreichen, glücklichen, energiegeladenen, ambitionierten und gesunden Menschen, sorgen Deine Spiegelneuronen ganz automatisch dafür, dass Du Dich ähnlich verhältst und ähnliche Gefühle wahrnimmst. Anders herum betrachtet, erklärt die Funktionsweise der Spiegelneuronen ebenfalls, weshalb Du das, was Du gibst, auch wieder bekommst. Die Spiegelneuronen sind am Werk, wenn Dir ein Lächeln, eine nette Geste oder Deine Hilfsbereitschaft von Mitmenschen positiv zurückgespiegelt wird.

Die Konsequenz aus dieser Erkenntnis liegt somit auf der Hand. Tritt vermehrt in Kontakt mit jenen Personen, die bereits erreicht haben, was Du erreichen willst. Mit Menschen, die bereits so sind, wie Du gerne werden möchtest. Keine andere Übung wird Dich stärker beeinflussen und mehr abfärben als die Wahl Deiner Bezugsgruppe.

Übrigens zählen wir auch Podcasts in diese Bezugsgruppe. Wenn Du momentan also noch keinen Zugang zu einer erfolgreichen Bezugsgruppe hast, kannst Du im ersten Schritt auch damit beginnen, jeden Tag mindestens eine Stunde inspirierende Podcasts über Dein Erfolgsthema zu hören.

Du kannst auch entsprechenden Gruppen in sozialen Medien beitreten. Beides sollte jedoch keine langfristige Lösung sein. Du musst mit Deiner Bezugsgruppe aktiv interagieren und Dich so viel »in ihr« aufhalten wie möglich, um wirklich rasante Ergebnisse zu verzeichnen.

Peter Sage und Jim Ron

(Unternehmer, Autoren und Motivationstrainer)

71.
Vereinfache Dein Leben!

»Be as simple as you can be; you will be astonished to see how uncomplicated and happy your life can become.«

Diese kurze Wahrheit stammt von Paramahansa Yogananda. Sie besagt, dass unser Leben umso unkomplizierter und glücklicher ist, je einfacher wir selbst und das Leben, das wir führen, sind. Diese Aussage ist in ihrer bestechenden Einfachheit absolut nachvollziehbar und logisch. Sie impliziert nämlich gleich mehrere Auswirkungen:

1. Je einfacher unser Leben ist, umso weniger Entscheidungen müssen wir treffen. Es bleibt mehr Freiraum, und es bieten sich weniger Stress verursachende Möglichkeiten.

2. Die wenigen Entscheidungen, die Du nun treffen musst, kannst Du besser durchdenken.

3. Weniger materielle Dinge anzuhäufen, bedeutet ein Mehr an Lebensqualität. Du musst Dir um weniger Dinge Sorgen machen und gewinnst Lebenszeit und Ruhe.

4. Je weniger wir besitzen, umso größer ist der Wert dessen, was wir besitzen.

5. Wir lernen loszulassen und lernen ganz praktisch die Wirkung des Gebens.

6. Du steigerst Deine Produktivität und Effizienz.

Wusstest Du, dass ein durchschnittlicher westlicher Haushalt etwa 300.000 Dinge besitzt? Es ist kein Geheimnis, dass wir von unseren Habseligkeiten nur einen Bruchteil nutzen. Viele dieser Dinge, die wir auch gerne als Krimskrams bezeichnen, besitzen Geschichten und werden aufgehoben, weil unsere Erinnerungen daran hängen. Dass uns dieser Krimskrams allerdings einschränkt, limitiert und zurückhält, wissen nur wenige. Sie definieren auf eine gewisse Weise unseren Lebensraum und reduzieren unsere Lebensqualität.

Die Lösung ist einfach. Indem wir uns unserer überflüssigen Habseligkeiten entledigen, gewinnen wir mehr Lebenszeit und erhöhen unsere Lebensqualität und Flexibilität deutlich. Viele Menschen verwechseln dabei fälschlicherweise die Reduktion und das Einschränken materieller Güter mit einer Einbuße an Lebensqualität. Es geschieht genau das Gegenteil.

»Weniger ist mehr. Wer wenig braucht, hat alles!«

Indem Du Dein eigenes Zeug loslässt und anderen Menschen zur Verfügung stellst – ganz gleich, ob Du es ihnen verkaufst oder spendest – gibst Du ihnen einen Mehrwert. Außerdem schenkst Du dem Produkt ein »zweites Leben« – das freut die Umwelt. Sich seines Krimskrams zu entledigen, ist eine der besten Übungen loszulassen. Das Loslassen gibt uns die Möglichkeit, diesen Teil des Lebens hinter uns zu lassen, weiterzumachen und Fortschritte zu generieren. Denn Wachstum, Weiterentwicklung und Fortschritt sind, was Erfolg ausmacht.

Wie kannst Du nun Dein Leben vereinfachen? Es gibt dafür eine einfache Übung, die selbst den leidenschaftlichen »Anhäufern« relativ leichtfällt. Du beginnst noch heute damit, eine Sache pro Tag zu spenden, wegzugeben oder wegzuwerfen. Praktizier diese Methode nur 30 Tage, und Du wirst Dich nicht nur sehr viel mehr unnötiger und Dich limitierender Dinge entledigt haben, sondern hast dann bereits viele der angesprochenen Vorteile selbst erlebt. Die beste Frage, die Du Dir bei diesem Prozess stellen kannst, ist: Fügt diese Sache meinem Leben mehr Wert hinzu?

Paramahansa Yogananda

72. Streu Deine Interessen für mehr Erfolg!

Deine Helden müssen nicht unbedingt Experten oder Profis in Deinem Erfolgsfeld sein. Du kannst die Aspekte immerhin auch aus anderen Blickwinkeln betrachten und trotzdem für Dich nutzen und Dir zu Eigen machen. Es geht sogar noch einen Schritt weiter.

Je mehr Interessen Du hast und je breiter Du Dich aufstellst, umso breiter ist auch Dein Erfolgsportfolio.

Was soll das heißen?

Je breiter Deine aktiven Interessen aufgestellt sind, umso mehr Möglichkeiten des Erfolgs ergeben sich für Dich. Im Umkehrschluss heißt das auch, dass Du Dich, solltest Du eventuell in einem Bereich in einer Woche nicht sonderlich erfolgreich gewesen sein, durch Erfolge in den anderen Bereichen wieder motivieren kannst. Das schafft die Grundlage für Deine Erfolgsspiralen, die dafür sorgen, dass Du nie wieder demotiviert sein wirst.

Darüber hinaus kannst Du Dinge, die Du in einem Bereich gelernt hast, womöglich auch in anderen Bereichen anwenden. Das bringt den Vorteil, dass Du unter Umständen Dinge wahrnimmst, die andere Menschen überhaupt nicht wahrnehmen können, da sie nicht die gleichen Assoziationen haben wie Du.

Interessier Dich also für verschiedene Dinge und probier aus. Dadurch bleibst Du optimistisch und erfolgreich!

TIMOTHY FERRISS

73.
Bilde eine gefragte Fähigkeit aus!

Erfolg bestehe darin, über genau jene Fähigkeiten zu verfügen, »die im Moment gefragt sind«, hat Henry Ford einmal gesagt.

Er selbst besaß viele derartiger Fähigkeiten. Das Gespür für Innovation, der Entwurf und die konsequente Strategie zur Umsetzung sowie eine rasche und zukunftsorientierte Entscheidungskraft. Die Kombination dieser Fähigkeiten machte Ford zu einem der erfolgreichsten Autopioniere der Welt und erzeugte das dafür notwendige Glück.

Unsere Welt befindet sich in stetigem Wandel. Insbesondere das Internet hat zu einer völlig neuen Lebens- und Unternehmenskultur geführt. Die Welt ist sich heute näher denn je. In der Beherrschung des Internets liegt die derzeit sicherlich vielversprechendste Zukunft.

Eine gefragte Fähigkeit zu haben, kann Dich vor allen Dingen zu beruflichem und unternehmerischem Erfolg führen. Schließlich kennst Du jetzt das Erfolgsgesetz des Wertes und dass darin auch Dein finanzieller Erfolg verborgen liegt. Dazu ist etwas enorm Wichtiges zu sagen.

Eine gefragte Fähigkeit kann man haben oder genauso gut entwickeln!

Solltest Du derzeit aus Deiner Sicht nicht über eine überaus gefragte Fähigkeit verfügen, hast Du trotzdem alle Chancen, beruflich oder unternehmerisch erfolgreich zu werden. Alles, was Du dafür tun musst, ist, diese Fähigkeit – bestenfalls konform mit Deinen stärksten Interessen – zu entwickeln und stetig auszubauen.

Auch das ist heute einfacher denn je. Das Internet bietet eine unerschöpfliche Quelle von Informationen und Tutorials. Greif auf Bücher zurück oder leiste Dir einen Lehrer und Seminare und Fortbildungen. Die Erweiterung Deiner theoretischen Kenntnisse fütterst Du dann konstant und konsequent mit täglicher praktischer Übung. Auf diese Weise kannst Du über kurz oder lang (im Durchschnitt in 10.000 Stunden) jede Fähigkeit zur Meisterschaft bringen und folglich auch finanziell gewinnbringend für Dich einsetzen.

Überleg Dir also: Welche Fähigkeit ist heute und wahrscheinlich auch noch in zehn Jahren gefragt und korrespondiert am besten mit Deinen Interessen?

Mischst Du diese Fähigkeit mit Deiner Einzigartigkeit, verfügst Du über ein geniales Erfolgsrezept. Verfolge diese Vision Deines zukünftigen Selbst von Anfang bis Ende und lass Dich nicht davon abbringen.

Innerhalb kürzester Zeit wirst Du damit in der Lage sein, auch finanziell überaus erfolgreich zu sein – ob im Rahmen eines Berufs, der Selbstständigkeit oder der Gründung eines Unternehmens.

»Das ist das Geheimnis von Erfolg.«

HENRY FORD
(ERFINDER UND GRÜNDER VON FORD)

74. Das Leben bezahlt den Preis, den Du verlangst

Um erfolgreich und glücklich zu sein, müssen wir wissen, was wir von unserem Leben erwarten. Solange wir nicht spezifisch nach etwas »fragen«, ist es unmöglich, dass es in unser Leben tritt. Weder ziehen wir die Möglichkeiten an, noch sehen und ergreifen wir sie, sollten sie auftauchen.

Tony Robbins erzählt in diesem Zusammenhang eine interessante Geschichte aus seiner Jugend: Ein Obdachloser fragte ihn damals nach einem Vierteldollar. Robbins war noch jung und befand sich gerade in einer – insbesondere finanziell – aufstrebenden Phase seines Lebens. Zunächst zögerte er, da er nicht genau wusste, was der Obdachlose mit dem Vierteldollar anfangen könnte und ob er sich damit nicht eventuell Drogen kaufen würde.

Robbins erinnerte sich dann an die Grundregel 6 – Geben ist der erste Schritt des Bekommens – und entschied sich, dem Obdachlosen einen Vierteldollar zu geben, dies jedoch mit einer Lektion für dessen Leben zu verbinden. Er fragte den Obdachlosen daher noch einmal: »Ist alles, was Sie wollen, ein Vierteldollar?« Der Obdachlose antwortete: »Ja!« Robbins entgegnete: »Alles klar...« Anschließend holte er einen Bündel Geldscheine aus seiner Hosentasche.

Ganz außen befand sich ein 500-Dollar-Schein, den Robbins seinem Gegenüber gut sichtbar präsentierte, während er nach dem Vierteldollar suchte. Als er ihn fand, steckte er das Geldbündel wieder ein und händigte dem Obdachlosen – der mit weit aufgerissenem Mund dastand – den Vierteldollar mit den Worten aus: »Sir, das Leben wird Ihnen den Preis bezahlen, den Sie von ihm verlangen.«

Wir bekommen vom Leben also das, wonach wir es »fragen«.

Robbins empfiehlt daher – aus der Beratungserfahrung der erfolgreichsten Menschen der Welt – den Aufbau eines RWM-Plans:

Resultat
Du musst ganz spezifisch und präzise wissen, was Du willst!

Warum?
Du musst genau wissen, weshalb Du ein Ziel verfolgst. Zuerst kommt der Grund und dann erst die Antwort.

Massiver Aktionsplan
Du musst genau wissen, was Du tun musst, um Dein Ziel zu erreichen!

Hast Du diese Teilziele eruiert, geht es darum, extrem schnell und intensiv zu handeln. Dadurch beschleunigst Du Deine Motivations- und Erfolgsspirale.

Tony Robbins
(Unternehmer und Redner)

75.
Geh Risiken ein!

Das Leben besteht aus zwei Bereichen. 99 Prozent der Menschen bewegen sich ausschließlich in der sogenannten Komfortzone. Das ist der Lebensbereich, der bequem ist und wenig Unvorhergesehenes bereithält. Dort scheint das Leben besonders sicher und gemütlich zu sein, obgleich auch häufig etwas langweilig.

Das Unbekannte, Neue, Interessante und Außergewöhnliche befindet sich dagegen in der »Lebenszone«. Ein Bereich, in den sich nur sehr wenige vorwagen – aus Angst vor Zurückweisung oder dem Scheitern. Allerdings bietet die Lebenszone das größte Potenzial für Fortschritt und Wachstum in unserem Leben.

Mach es also zu einer Routine, Dich auf das Unbekannte einzulassen und auch Risiken einzugehen.

Wir haben bereits angesprochen, wie wichtig es ist, auf die Intuition zu hören. Damit schenkst Du Deiner inneren Welt Aufmerksamkeit. Darüber hinaus gibt es aber auch in jedem Augenblick unseres Lebens Zeichen und Hinweise unserer Umwelt – der äußeren Welt. Sie ist sowohl der Spiegel unserer inneren Welt als auch eine Umgebung voller magischer Zeichen und Hinweise. Sie zu verstehen, ist wie ein geheimer Dietrich, der Türen zu allen Lebenslagen öffnen kann. Schließlich besagt die Urknalltheorie, dass in diesem Universum alles miteinander verbunden ist und die Frequenzen unserer Gedanken und Gefühle sich in unserer Umwelt wiederfinden.

In »Der Alchemist« öffnet Paulo Coelho die Welt der Zeichen für uns. Für Coelho ist klar, dass das Universum über Zeichen und unsere Umwelt mit uns Kontakt aufzunehmen und mit uns zu sprechen versucht. Es gibt jedoch nur wenige Menschen, die sich dessen bewusst sind und noch weniger, die sich die Mühe machen, diese Sprache zu lernen, und die aufmerksam genug sind, die Zeichen wahrzunehmen.

Mach dir klar, dass Deine Umwelt mit Dir korrespondiert! Sie zeigt Dir unentwegt Chancen, Möglichkeiten und Antworten auf. Die Kunst besteht darin, diese Hinweise wahrzunehmen und zu nutzen. Um die Sprache des Lebens zu lernen, gibt uns Coelho einen einzigen, unschätzbar wertvollen Tipp:

Geh Risiken ein und hab keine Angst vor Fehlern oder davor, zu scheitern.

Schließlich ist das Scheitern, wenn man es richtig zu verwenden weiß, überaus positiv. Man lernt, wie man eine Sache noch besser machen kann. Die Sprache des Lebens ist also das Pendant der äußeren Welt zu Deiner Intuition. Deine Intuition brauchst Du dafür, diese Sprache zu verstehen, wahrzunehmen und insbesondere dafür, daraufhin zu handeln. Bleib also präsent, aufmerksam und achte auf die Zeichen.

»In einer schnelllebigen Welt ist die einzige Strategie zu scheitern diejenige, keine Risiken einzugehen.«
MARK ZUCKERBERG

Wer nicht wagt, der nicht gewinnt. Noch nie zuvor haben sich unsere Welt und Technologie so schnell gewandelt. Das bringt Chancen und Risiken mit sich. Wer stehen bleibt, verpasst die Chance, von diesem Wandel zu profitieren. Alle großen Unternehmer haben immer wieder viel Geld verloren oder sogar Schulden gemacht. Wichtig ist, wie man damit umgeht. Ein

Baby lernt das Gehen, weil es das Risiko eingeht hinzufallen. Sei Dir also bei jedem »Scheitern« bewusst, dass es keinen besseren Lerneffekt geben kann und es sich für Dich sogar positiv auswirken wird. Leider bestraft unser Schulsystem Fehler, statt Schüler zu Fehlern zu ermutigen und so eine Kultur des aktiven und besonders schnellen und nachhaltigen Lernens zu begünstigen. Umso wichtiger ist es, dass Du das richtige Mindset gegenüber Deinen Fehlern aufbaust.

Paulo Coelho, Robert Kiyosaki und Mark Zuckerberg

76. Diese drei Arten des Einkommens musst Du kennen

Erfolg wird gerade in unserer westlich geprägten Welt mit finanziellem beziehungsweise beruflichem Erfolg gleichgesetzt. Unsere finanzielle Situation spielt eine überaus wichtige Rolle dabei, uns den Freiraum in anderen Lebensbereichen zu ermöglichen, um auch dort Erfolg anzustreben.

Daher soll dieses Buch auch und insbesondere bei der finanziellen Weichenstellung eine Hilfe sein. Wir beginnen dabei mit den drei Arten des Einkommens, die selbst Wirtschaftsstudenten häufig verborgen bleiben. Deren Kenntnis ist für den finanziellen Erfolg allerdings extrem wichtig.

Robert Kiyosaki gilt als Vorreiter der Aufklärung darüber, wie selbst der vermeintlich »kleine Mann« zu Wohlstand gelangen und finanziell frei werden kann. Hierfür definiert er drei von ihm als »neue Regeln des Geldes« bezeichnete Einkommensquellen:

1. Angestellte oder Selbstständige: Zeit gegen Geld

Das Einkommen von Angestellten und Selbstständigen bezeichnet Robert

Kiyosaki hart, aber gerechtfertigterweise als das schlechteste Einkommen. Er macht diese Aussage an der Steuerlast fest, die diese Berufsgruppen zu tragen haben. Als Angestellter bzw. Selbstständiger hat man mit einer Abgabenlast von 35 bis 50 Prozent zu kämpfen. Die Hälfte der Lebenszeit widmet man also dem Sozialstaat, einer unsicheren Versprechung auf Rentenzahlungen in der Zukunft oder dem Finanzamt.

Genau genommen verkauft man nämlich die eigene Lebenszeit an ein Unternehmen (Angestellte) oder Kunden (Selbstständige). Sogar Warren Buffett sagte dereinst, dass es eine Schande sei, dass selbst seine Sekretärin mehr Steuern bezahle als er selbst.

2. Portfolio-Einkommen

Kapitalgewinne und Erlöse aus Investitionen in Wertpapiere sind laut Kiyosaki die zweitbeste oder zweitschlechteste Einkommensquelle. Die Steuerlast auf Kapitalerträge, die sogenannte Kapitalertragssteuer, beläuft sich derzeit auf 25 Prozent. Immerhin ein Plus von 10 bis 25 Prozent gegenüber dem Lohn eines Angestellten oder Selbstständigen.

Nichtsdestotrotz muss man auch aus Portfoliogewinnen Abgaben entrichten. Wenn Du zum Beispiel eine Aktie zu 20 Euro kaufst und zu 40 Euro verkaufst, zahlst du nur auf die Differenz von 20 Euro – auf Deinen Gewinn – eine Kapitalertragssteuer von 5 Euro (25 Prozent). Das Gleiche gilt beim Kauf und Verkauf von Immobilien.

3. Passives Einkommen

Das mit Abstand beste Einkommen ist nach Kiyosaki das sogenannte passive Einkommen. Es sind Zahlungsströme, die konstant – zum Beispiel auf monatlicher Basis – auf Deinem Konto aufschlagen, obwohl Du nur noch einen Bruchteil Deiner Arbeitszeit darin investieren musst, um den Zahlungsstrom aufrechtzuerhalten.

Es gibt eine Vielzahl passiver Einkommensmöglichkeiten. Darunter fallen Mieteinnahmen, Dividenden, Zinsen, Werbeeinnahmen, Einnahmen aus Affiliate-Programmen, Erstellung einer App, Tantiemen durch

Musik oder Bücher, Lizenzrechte (durch Fotos oder Videos), Verleih von Produkten oder Dienstleistungen oder auch der skalierbare Verkauf eigener (digitaler) Produkte.

Einige der dargestellten Einkommensmöglichkeiten sind mit weniger, andere mit mehr zeitlichem Aufwand verbunden. Passives Einkommen bedeutet dabei nämlich keinesfalls, dass man nicht mehr aktiv für das Einkommen arbeiten muss. Es bietet jedoch gegenüber den Alternativen 1 und 2 den Vorteil, die eigene Arbeitszeit gleich mehrfach verkaufen zu können (Aspekt der Skalierbarkeit).

Konzentriere Dich also darauf, hart für passives Einkommen zu arbeiten, um finanzielle Freiheit zu erreichen. Investiere Dein Einkommen also in Vermögenswerte statt Verbindlichkeiten (mehr dazu im Buch »Der Hamster verlässt das Rad«).

Indem Du überwiegend in Vermögensgegenstände investierst, wirst Du automatisch immer reicher. Das ist übrigens auch das Kennzeichen eines guten gegenüber einem schlechten Unternehmen. Deine Zeit und Arbeitskraft solltest Du in die Erhöhung Deines passiven Einkommens investieren. Dadurch erzeugst Du eine konstante Erhöhung Deines Cashflows – der Differenz zwischen Einnahmen und Ausgaben.

Das Ziel? An dem Tag, da Dein passives Einkommen Deine Lebenshaltungs kosten übersteigen, bist Du finanziell frei und kannst auch ohne das feste Einkommen aus einem Angestelltenverhältnis oder einer Selbstständigkeit leben.

Robert Kiyosaki

77.
Diversifiziere!

Den Begriff der Diversifikation kennt man aus der Finanzwelt. Dort meint man damit die Streuung und Senkung des Risikos über die Investition in eine Reihe unterschiedlicher Wertpapiere aus unterschiedlichen Branchen und Ländern. Diversifizieren kann man jedoch nicht nur Wertpapiere. Diversifikation bedeutet in erster Linie Risikostreuung.

Einfach gesagt geht es darum, nicht alle Eier in einen Korb zu legen. Dadurch steigt nämlich das Risiko eines Totalverlustes signifikant, sollte der Korb herunterfallen.

Überleg Dir somit immer, egal ob in persönlichen oder beruflichen Lebensbereichen, wie Du Dein Risiko senken kannst, indem Du Aktivitäten oder finanzielle und zeitliche Investitionen streust. Je weniger diese Felder zusammenhängen (korrelieren), umso niedriger ist das Risiko, dass ein Misserfolg in einem Bereich auch den anderen Bereich betrifft.

Walt Disney

(Visionär der Filmwelt)

78.
Behalte immer eine Sicherheitsmarge ein!

Warren Buffett gehörte im Verlauf seiner gesamten Investment-Karriere stets zu den eher konservativen Anlegern. Sein Konglomerat, Berkshire Hathaway, gehört zu den 20 größten Unternehmen der USA. Der Tipp aus der Erfahrung Buffetts, uns immer ein Sicherheitspolster einzubehalten, scheint also bei ihm und seinem Unternehmen sehr gut funktioniert zu haben. Doch was meint er damit genau?

Auch Buffett empfiehlt, ähnlich wie Walt Disney, niemals alle Eier in einen Korb zu legen. Die Regel der Diversifikation trifft somit ganz besonders für Deine Investitionen oder Dein Unternehmensportfolio zu. Damit meinen wir Dein »aktives oder passives« Einkommen. Hängt Dein Unternehmen beispielsweise nur von einem einzigen Produkt oder einer einzigen Dienstleistung ab, führst Du ein riskantes Geschäft und musst Dir immer der Gefahr des Totalausfalls gewahr sein.

Über je mehr (passive) Einkommensquellen Du jedoch verfügst, umso besser kannst Du einen etwaigen Verdienstausfall in einem Bereich verkraften. Mit anderen Einkommensquellen, wie zum Beispiel passivem Einkommen, diversifizierst Du Deinen Einkommensstrom und reduzierst dadurch das Risiko, jemals Geldmangel zu erleiden – selbst dann, wenn etwas schiefgeht. Achte dabei jedoch besonders darauf, Deinen Fokus nicht zu verlieren und weiterhin planvoll vorzugehen.

Versuch also, so früh wie möglich sowohl Deine Investitionen als auch Dein berufliches beziehungsweise unternehmerisches Portfolio zu streuen und auf andere Bereiche auszuweiten. Dadurch kannst Du eine Pleite in einem Bereich durch den anderen Bereich ausgleichen. Das gibt Dir außerdem die Möglichkeit, Dich durch sogenannte Querfinanzierungen gegenüber der Konkurrenz zu behaupten oder niedrigere Preise verlangen zu können.

Darüber hinaus solltest Du Dir, um keinesfalls in finanzielle Schwierigkeiten oder Liquiditätsprobleme zu geraten, immer eine Sicherheitsmarge einbehalten. Sie ist das Geldpolster, das Dich nachts ruhig schlafen lässt.

Indem Du über ausreichend freie Liquidität verfügst, kannst Du Unvorhergesehenes sofort abfedern und – ohne weitere Entscheidungen treffen zu müssen – rasch abschließen. Das erspart Dir wertvolle Zeit und reduziert die Anzahl Deiner Entscheidungen, was wiederum eine Erhöhung Deiner Produktivität und Effizienz zur Folge hat. Buddha hat dies im folgenden Tipp für jedermann pragmatisch ausgeführt.

WARREN BUFFETT

79. Bezahl immer zuerst Dich selbst!

Eine unschätzbar wichtige Grundregel in Bezug auf das Geld ist, Dich immer zuerst selbst zu bezahlen. Sie ist essenziell, da Du sonst mit Deiner Selbstständigkeit oder Deinem Unternehmen Probleme haben wirst, Deinen persönlichen Cashflow ausreichend positiv zu gestalten.

Befolge also die Grundregel: Bezahle Dich – ganz egal was passiert – immer zuerst selbst!

Halt Dein Augenmerk immer, auch dann oder gerade, wenn es finanziell gut läuft, auf die Erhöhung Deines persönlichen Cashflows gerichtet und investiere konsequent in die Verbesserung Deiner finanziellen Situation. Auf diese Weise kannst Du auch am besten andere an Deinem Wohlstand teilhaben lassen.

In der Nichtbeachtung dieser Grundregel steckt ein großes finanzielles Dilemma, in dem sich viele verschuldete Menschen befinden. Sie stecken fälschlicherweise ihr gesamtes überschüssiges Geld in den Schuldenabbau. Sie arbeiten also insbesondere für die Zinsen der Bank und den

Abbau ihrer Schulden. Dabei verlieren sie den Blick für sich selbst und ihre Zukunft. Zu diesem weit verbreiteten Missverständnis gesellen sich neben den finanziellen auch seelische, geistige, körperliche und moralische Schwierigkeiten.

Dabei müssten sie lediglich diese Grundregel befolgen. Damit hätten sie bereits den entscheidenden Schritt getan, um an ihrem Vermögensaufbau zu arbeiten. Doch so limitieren sie sich, mit dem Rest des zur Verfügung stehenden Einkommens alle weiteren Ausgaben – das umfasst auch den Schuldenabbau – zu bewerkstelligen. Bedenke also immer, welch überaus wichtigen Stellenwert der Cash-Flow einnimmt.

Sowohl auf unternehmerischer als auch auf privater Ebene sollte es – hinsichtlich dem Ziel Deiner finanziellen Freiheit – ein Grundziel sein, ihn konstant zu steigern. Hierfür ist am Ende des Tages entscheidend, dass Du die Differenz aus Deinen Einnahmen und Ausgaben erhöhst.
Dadurch bauen Du oder Dein Unternehmen immer mehr Kapital auf, das Du dann entsprechend investieren und dadurch anwachsen lassen kannst.

ROBERT KIYOSAKI

80. Buddhas geheime Investitionsregel der finanziellen Freiheit

Nach Buddha gibt es vier Posten, in die wir unsere Ausgaben aufteilen sollen: Verpflichtungen, Reinvestition in unser Geschäft, das Geldpolster und die Spende.

1. Verpflichtungen

Bevor wir uns um andere oder unser Vermögen kümmern, müssen wir unseren Verpflichtungen nachkommen. Deshalb soll der erste Teil aufgewendet werden, um Verbindlichkeiten zu bezahlen. Buddha zählt dazu auch den täglichen Konsum und Vergnügungen. Dieser Geldteil deckt somit sowohl Versicherungen, das Auto, die Miete, den Schuldendienst, den Einkauf von Lebensmitteln als auch Urlaub, Besuche im Freizeitpark oder das allsamstägliche Shopping-Erlebnis ab. Hierbei handelt es sich bei den meisten Menschen um den größten Ausgabeposten.

2. Reinvestitionen

Die Lehren Buddhas sind pragmatischer Natur. Das zeigt sich auch in der Empfehlung für den zweiten Teil unseres Einkommens. Damit soll eine mögliche Selbstständigkeit oder gar die finanzielle Freiheit in den Blick genommen werden. Buddha rät uns, diesen Teil in das eigene Saatgut zu investieren. Im übertragenen Sinne spricht er davon, einen Teil unseres Einkommens in die Selbstständigkeit (und/oder das Investorentum) zu reinvestieren oder sie damit aufzubauen. Diese Handlungsempfehlung ist gleichbedeutend mit dem Aufbau von Vermögen. Das kann man mit der sinnvollen Selbstständigkeit oder überlegten langfristigen Investitionen sicherstellen. Anders kann man nur schwer finanziell frei werden!

Wie man sein Einkommen verteilt, überließ uns Buddha selbst. Diesen Tipp erhalten wir jedoch mit den Empfehlungen und den Lehren des Buchs »Der reichste Mann von Babylon«. Es geht um einen Mann, der mit einer unglaublich einfachen Regel finanziell frei wurde. Neben den Ausgaben in Verpflichtungen und die Reinvestition in uns selbst sollen wir 10 Prozent spenden und weitere 10 Prozent sparen.

3. Sparen

Diese Methode scheint fast zu trivial, um wahr zu sein, und dennoch wird sie den Grundstein zu Deiner finanziellen Unabhängigkeit, mehr Zufriedenheit, Ausgeglichenheit, innerem Frieden und gesteigertem Selbstvertrauen legen. 10 Prozent Deines Einkommens, unabhängig davon, wie klein oder groß es sein mag, zu sparen, ist außerdem der Beginn Deines Lebens in finanziellem Wohlstand. Spare 10 Prozent Deines Einkommens, beispielsweise auf einem Tagesgeldkonto, und Du wirst bemerken, wie Dein Leben, je größer der Betrag von Monat zu Monat wird, durch Dein Geldpolster an Freiheit und Unabhängigkeit gewinnt.

Geld macht nicht glücklich – jeder weiß das. Doch Geld hat das einzigartige Charakteristikum, uns völlig neue Chancen und Möglichkeiten zu eröffnen. Finanzielle Freiheit und damit die nahezu vollkommene Unabhängigkeit von äußeren Umständen hast Du dann erreicht, wenn Dein passives Einkommen sowie Deine Ersparnisse Deine Ausgaben theoretisch bis an Dein Lebensende decken könnten. Spätestens dann kannst Du alles tun, was Du schon immer tun wolltest und mit etwaigem Geldmangel versucht hast zu entschuldigen.

Je nachdem, wie groß Dein Einkommen ist, kann bereits eine Sparquote von 10 Prozent einen großen Effekt haben. Hierfür musst Du Dir allerdings den Zinseszins-Effekt zunutze machen. Er sorgt dafür, dass Erspartes, bei beispielsweise 5 Prozent Zinsen pro Jahr, alle 15 Jahre auf den doppelten Betrag anwächst. Betrachtet man den Deutschen Aktien-Index (DAX) über die Jahrzehnte, sind 5 Prozent locker machbar. Die Kombination von Sparen und Investieren in Zins- und Zinseszins bringende Werte ist der Weg in die finanzielle Freiheit.

4. Spenden

Mit den ersten drei Teilen investierst Du in Dich und Deine Zukunft. Aber erinnern wir uns an das Gesetz: »Gib, und Dir wird gegeben«. Damit auch andere Menschen von Deinem Wohlstand partizipieren können, solltest Du den vierten Teil Deines Einkommens spenden und wahrhaft sinnvoll einsetzen. Auf diese Weise lernst Du bereits auf Deinem Weg zu finanziellem Erfolg, einen Teil Deines Einkommens mit anderen zu teilen – Menschen, die nicht die gleichen Voraussetzungen vorfinden wie Du. Indem Du Dich dieses Prinzips bedienst, verbesserst Du auch die Qualität Deiner Gedanken und Gefühle – insbesondere in Bezug auf das häufig mit negativen Glaubenssätzen assoziierte Geld.

Schließlich lernst Du, Geld loszulassen und es anderen zur Verfügung zu stellen. Das führt auch dazu, dass Du Dich dadurch gut fühlst. Das ist nicht verwerflich – ganz im Gegenteil. Dieser Gefühlsmechanismus ist aus unserer Sicht sogar ganz genau deshalb in uns »installiert« worden. Er nutzt den Egoismus, der jedem Menschen angeboren ist, anderen zu helfen und diese Welt ein kleines Stück besser zu machen.

Diese vier Schritte sind ein universelles Geld-Grundgesetz. Sie sind ausgesprochen einfach und sofort von jedem praktisch umsetzbar. Damit gelingt es ausnahmslos jedem, ein ausgeglichenes Haushaltsbudget zu führen und finanzielle Freiheit zu erlangen.

Buddha (Begründer des Buddhismus)
und George S. Clason (Autor und Unternehmer)

81. Das zeichnet ein wirklich gutes Business aus

Egal, ob Du Dich selbstständig machen oder ein Unternehmen gründen willst: Es gibt einige universelle Charakteristika, die wirklich erfolgreiche Geschäfte mit großem Potenzial von anderen unterscheiden.

Wenn Du diese Aspekte konsequent beachtest und implementierst, hast Du für das langfristig erfolgreiche Gelingen Deines Projektes bereits die wichtigsten Schritte unternommen.

Bevor wir zu den drei wichtigsten Kerngedanken kommen, solltest Du Dein Geschäft auf folgende Punkte überprüfen und ausrichten:

- Arbeite klare und für den Kunden offensichtlich erkennbare Marktvorteile heraus.

- Sichere Dir einen Vorsprung vor etwaigen Imitatoren.

- Schütze Dein Geschäft davor, wirtschaftlich und technologisch schnell zu veralten.

- Minimiere stets den Finanzierungsrahmen und vermeide Fremdfinanzierung. Betrachte Marketing als einen essenziellen Bestandteil Deines Geschäftserfolgs.

Darüber hinaus gibt es drei wesentliche Charakteristika, die ein Unternehmen unbedingt beachten sollte, das langfristig erfolgreich werden und wachsen möchte:

1. Das Business sollte einfach sein. Gerade zu Beginn musst Du ohnehin zuerst einmal in die neue Situation des Unternehmertums hineinwachsen. Indem Du das Geschäft einfach und klar strukturierst und organisierst, reduzierst Du die Komplexität für Dich und etwaige Mitarbeiter. Das wird sich spätestens, wenn Dein Unternehmen wächst und expandiert, in in einen Wettbewerbsvorteil verwandeln. Schaffe also klare und einfache Strukturen, die auch für dritte einfach zu verstehen und erlernbar sind.

2. Dein Business sollte darüber hinaus risikominimiert sein. Der zentrale Faktor der Minimierung des Risikos ist aus unserer Sicht der Kapitalbedarf, der über die Reduktion der Ausgaben steuerbar ist. Je weniger Fixkosten Dein Geschäft verursacht, umso geringer ist Dein Risiko, und umso besser gestaltet sich Deine Cashflow Situation. Der positive und stetig wachsende Cashflow ist der wichtigste Aspekt eines gesunden und erfolgreichen Unternehmens. Risiken bestehen aber natürlich auch in anderen Bereichen. Versuche daher, alle erkennbaren Risiken bereits im Vorfeld anzugehen, um Dich so vor unerwarteten, möglicherweise geschäftsgefährdenden Situationen zu schützen.

3. Dein Business sollte drittens skalierbar sein. Dieser Aspekt wird nach wie vor unterschätzt, dabei sollte er in Zeiten des Internets ein zentraler Bestandteil jeder Geschäftsidee sein. Er ist auch ein Charakteristikum jedes passiven Einkommens. Unter Skalierbarkeit ver¬steht man, dass Kapazitäten, wenn das Unternehmen wächst, nicht proportional vergrößert werden müssen. Anders gesagt, bietet die Skalierbar-

keit eines Geschäfts die Möglichkeit, bei gleichbleibenden Fixkosten und gleichbleibendem Input mehr Produkte verkaufen zu können. Ein gutes Beispiel hierfür sind digitale Produkte, die automatisch ausgeliefert werden. Sie stehen, einmal produziert, praktisch unendlich häufig zum Verkauf, ohne dass der Verkäufer hierfür mehr Arbeit oder Geld investieren müsste.

Beherzigst Du diese Tipps, bist Du den meisten anderen Entrepreneuren bereits weit voraus. Mache Dir dabei keine Gedanken darüber, eventuell mit Konventionen zu brechen. Wenn Du darüber hinaus folgende drei Punkte beachtest, ist Dir der berufliche bzw. unternehmerische Erfolg so gut wie sicher:

- Das Konzept ist wichtiger als viel Kapital.

- Was Du nicht kannst, solltest Du Fachleuten überlassen. Sorge mit Deiner Struktur dafür, dass Dein Unternehmen selbsterhaltend wird. Es würde also auch dann funktionieren und Geld abwerfen, wenn Du nicht (mehr) tätig bist.

- Deine Aufgabe als Entrepreneur ist es, das Unternehmen zu steuern und Deine Kernkompetenzen darin maximal einzubringen.

PROF. DR. GÜNTER FALTIN UND JUSTIS CHASE

82.
Kein Unternehmergeist? Produziere nur für Dich!

Die erfolgreichsten Unternehmer sind genau nach diesem Prinzip vorgegangen. Sie haben nicht wochenlang überlegt und analysiert, was andere Menschen unbedingt benötigen. Nein, sie haben den Spieß umgedreht.

Steve Jobs, Bill Gates und viele andere definieren die besten Geschäftsideen als jene Produkte und Dienstleistungen, die man auch für sich selbst suchen würde. Beide suchten jeweils, damls um 1980, nach einem Computer, der zu einem vertretbaren Preis hohe Leistungsfähigkeit mit ausgeprägter Funktionalität verbindet. Doch damals existierte kein derartiges Produkt. Daher beschlossen sie, einen erschwinglichen, hoch funktionalen Prototypen zu entwerfen.

Was war also ihr Geheimrezept?

Sie erkannten sich selbst als den potenziellen Markt. Sie selbst waren es, die gerne auch etwas mehr Geld für dieses Gerät bezahlt hätten. Das überzeugte sie davon, dass es auch eine ganze Reihe anderer Menschen geben musste, die ebenfalls an diesem Produkt Interesse haben müssten. Heute wissen wir, wie korrekt diese Vermutung war. Als Faustregel im zweiten Schritt gilt, dass ein Produkt oder eine Dienstleistung dann einen ausreichend großen Markt besitzt, wenn unter eintausend Menschen einer ist, der das gleiche Problem hat.

Wenn Du also gerne ein Produkt oder eine Dienstleistung erschaffen willst, orientiere Dich immer zuerst an Deinen Interessen und Fähigkeiten. Auf dieser Basis kannst Du Dein ganz eigenes Nischenprodukt oder Deine eigene Nischendienstleistung identifizieren. Frag Dich einfach: Was ist es, das für Dich in dieser Nische fehlt und wofür Du bereit wärst, Geld zu bezahlen?

Mit diesem Denkansatz wirst Du eine Vielzahl von Ideen kreieren, die überaus lukrativ sein können. Mache Dich daher so rasch wie möglich an die Entwicklung des Produktes oder der Dienstleistung. Darin liegt für Deinen unternehmerischen Erfolg nämlich nur die halbe Miete, da Du anschließend mindestens genauso viel Zeit und Wert in das Marketing investieren musst.

Denn erst mithilfe des Marketings schaffst Du die Nachfrage, die Dich und Deine Idee finanziell erfolgreich machen wird.

STEVE JOBS UND BILL GATES

83. So schaffst Du garantiert einen Wettbewerbsvorteil

Der berufliche oder unternehmerische und häufig sogar der private Erfolg zeichnen sich meistens durch Wettbewerbsvorteile gegenüber anderen Parteien aus.

Dieser Wettbewerbsvorteil besteht aus einem oder mehreren Charakteristika, die Dich, Dein Produkt oder Deine Dienstleistung vom Rest unterscheidet und besser ist als bei der Konkurrenz. Wettbewerbsvorteile zu erkennen und aktiv auszubauen und weiterzuentwickeln, ist allerdings ein langwieriger Prozess, den Du mit einem sehr pragmatischen Tipp verkürzen kannst.

Schaffe Produkte und Dienstleistungen, auf die Du stolz bist.

Dieses Ziel bereits vor und während der Entwicklung zu verfolgen, ist ein weiteres unternehmerisches Erfolgsrezept. Schließlich entsteht daraus nicht nur Dein Wettbewerbsvorteil – und zwar völlig automatisch –, sondern Du schaffst auch ein einzigartiges Unterscheidungs- oder Alleinstellungsmerkmal – im Marketing als »USP« bezeichnet. Auf Produkte und

Dienstleistungen kann man nämlich nur dann stolz sein, wenn sie anderen Menschen einen spürbaren Nutzen bringen und sich gegenüber Konkurrenzangeboten unterscheiden und authentisch sind.

Warren Buffett vergleicht diesen Prozess im Kapitalismus mit dem Versuch anderer, die eigene Burg (das eigene Unternehmen) einnehmen beziehungsweise zerstören wollen. Jeder, der ein Geschäft hat, konkurriert in diesem System immer mit anderen, die ein ähnliches Geschäft haben und gewisse Dinge möglicherweise besser machen als man selbst.

Damit man in diesem Hamsterrad-Rennen nicht vom Laufrad geworfen wird, muss man dafür sorgen, dass das Schloss uneinnehmbar wird. Dieses Abwehrsystem, Dein riesiger Burggraben, besteht aus Deinen Wettbewerbsvorteilen. Darunter finden sich typischerweise einer oder mehrere der folgenden Aspekte:

- Du hast mehr Talent als der Rest.
- Du arbeitest härter und länger als der Rest.
- Du produzierst günstiger als der Rest.
- Deine Qualität ist im Vergleich zum Rest deutlich besser.
- Du adressierst eine ganz spezielle Zielgruppe und kennst sie besser als der Rest.
- Du verkaufst Deine Produkte wegen Deiner Marketingfähigkeiten besser als der Rest.

Es gibt natürlich noch viele weitere Wettbewerbsvorteile. Je mehr Du davon auf Dich vereinen kannst, umso größer wird auch automatisch Dein Alleinstellungsmerkmal. Dein USP ist es schließlich, der Deinen privaten, beruflichen oder unternehmerischen Erfolg beflügeln kann.

WARREN BUFFETT, STEVE JOBS UND BILL GATES

84. Miss Deine Resultate!

Wer nicht misst und dokumentiert, wird seine Fortschritte gar nicht realisieren. Damit versäumt man allerdings auf der einen Seite die Wirkung eines starken Motivators und gefährdet sogar auf der anderen Seite die Motivation und damit den Gesamterfolg.

Dabei kommt es laut Timothy Ferriss gar nicht so sehr darauf an, welche Kennzahlen man wählt, um seine Ergebnisse sichtbar zu machen. In Unternehmen spricht man von sogenannten KPIs (Englisch: »Key Performance Indicator«). Wichtig ist allerdings, dass man mindestens zwei Kennzahlen auf wöchentlicher Basis misst.

Dadurch kannst Du den Fokus auf die Verbesserung in einem gewissen Bereich legen und identifizieren, inwiefern der gemessene Faktor entweder zu den wichtigen 20 oder den unwichtigen 80 Prozent des Pareto-Prinzips gehört.

Beispiele auf unternehmerischer Ebene:

- Miss die wöchentlichen durchschnittlichen Unique Visitors Deiner Webseite.
- Miss die Newsletter-Abonnenten Deiner Webseite.

- Miss Deinen Umsatz und Deinen Gewinn.
- Miss Deine Reichweite über Social-Media-Kanäle.
- Miss die Konversionsrate vom Erstkontakt bis zum Verkauf.

Beispiele auf persönlicher Ebene:

- Miss den Fortschritt Deiner Teilziele.
- Miss Deinen Gesundheitszustand anhand konkreter Faktoren.
- Miss Dein Netzwerk anhand der Anzahl Deiner Freunde und Bekanntschaften.

Dies sind nur einige Denkanstöße. Auf welchen Bereich Du letzten Endes Wert legst, bleibt Dir selbst überlassen.

Wichtig ist in erster Linie, überhaupt konsequente Messungen durchzuführen. Idealerweise ist es auf unternehmerischer Ebene natürlich ein Bereich, der sich auch unmittelbar auf Deinen Business-Erfolg auswirkt und auf Deinen Umsatz einzahlt.

Timothy Ferriss

85.
So schaffst du mit Marketing wahre Werte

Marketingaktionen durchzuführen, ohne ihren Erfolg anschließend zu messen, könnte man auch als Geldverschwendung bezeichnen. Doch was zeichnet Marketing aus?

Gerade heutzutage ist die Aufmerksamkeitsspanne geringer denn je. Man hat also nur sehr wenig Zeit, potenzielle Kunden, von sich, dem eigenen Unternehmen und den eigenen Produkten oder Dienstleistungen zu überzeugen. Das gelingt am besten, indem man das Augenmerk von Anfang an auf den Wert beziehungsweise den Nutzen legt.

Für Steve Jobs ist die Marke »Nike« ein Vorbild in Sachen Marketing, da Nike ursprünglich ausschließlich Schuhe verkauft hat und heute dennoch zu den wertvollsten Marken der Welt zählt. Das gelang weder über die Qualität noch über außergewöhnliche Kundenbeziehungen, sondern ganz allein über ein außergewöhnliches Marketing.

Wenn man heute an Nike denkt, denkt man nicht nur an Schuhe oder Kleidung, sondern assoziiert mit der Marke ein Gefühl. Dieses Gefühl wird von Nike ganz bewusst beworben – und nicht die Möglichkeit, etwa besser als die Konkurrenz zu sein. Entscheidend ist das Gefühl, dass sich der Kunde mit dem Kauf eines Produktes einer ganz speziellen Gruppe, zum Beispiel athletischen und sportaffinen Menschen, zugehörig fühlen darf und sich zugleich von anderen abgrenzt.

Was die Kunden also interessiert ist:

- Wer beziehungsweise was ist Dein Unternehmen?
- Was ist es, wofür Dein Unternehmen steht?
- Welchen Mehrwert und welchen Nutzen bieten die Produkte/Dienstleistungen Deines Unternehmens?

Diese Fragen sind mehr als essenziell und werden dennoch häufig vernachlässigt. Steve Jobs spricht damit allerdings die Kernaussage des modernen Marketings an: die Corporate Identity.

Die Unternehmensidentität entspricht nämlich auch der Identität, mit der sich die Kunden identifizieren. Je besser diese Identifikation gelingt, umso treuer und kauffreudiger werden sie sein! Kenne also Deine Position. Jobs formulierte diese Vision folgendermaßen:

> *»Wir glauben, dass Menschen mit einer Leidenschaft, die Welt wirklich in einen besseren Ort verwandeln können. [...] Und die Menschen, die verrückt genug sind zu denken, sie könnten die Welt verändern, sind jene, die es auch wirklich tun.«*

Diese Aussage bewegt sich also komplett weg von der Dienstleistung oder dem Produkt hin zu einem Gefühl, das der Kunde mit dem Unternehmen assoziieren soll. Die Welt zu verändern und in einen besseren Ort zu verwandeln, hat schließlich ganz und gar nichts mit Apple oder PCs zu tun. Es kann zwar ein dafür nutzbares Medium sein, doch ein direkter Zusammenhang besteht nicht.

Wie Du sehen kannst, geht es bei der Werbung also vielmehr um Werte und Kernwerte sowie die Außendarstellung der Kernkompetenzen und Alleinstellungsmerkmale. Also frag Dich:

- Woran glaubst Du? Woran glaubt Dein Business?
- Welchen Nutzen und Mehrwert generierst Du, welchen Nutzen und Mehrwert generieren Deine Produkte und Dienstleistungen?
- Wie integrierst du Nutzen und Mehrwert in Dein Geschäft?

Selbst eine großartige Marke benötigt Investitionen (insbesondere in das Marketing), damit sie toll, flexibel und vital bleiben kann. Das beste Beispiel hierfür ist Coca-Cola, das seit gefühlt Tausenden von Jahren mit einem einzigen Produkt den Weltmarkt beherrscht. Das gelang über geschicktes, Gefühle erzeugendes Marketing sowie die Implementierung von Routinen in Zusammenhang mit dem Produkt.

STEVE JOBS

86.
Überleg Dir, was andere brauchen!

Sich Gedanken darüber zu machen, was andere brauchen, kann sowohl für Deinen persönlichen als auch Deinen beruflichen Erfolg überaus förderlich sein.

Auf der einen Seite ist es die Möglichkeit, Menschen in unserem Umfeld genau das zu geben, was sie brauchen, und damit freundschaftliche Bande und unser Netzwerk zu stärken. Auf der anderen – unternehmerischen – Seite können wir mit dieser Fragestellung Probleme von Konsumenten eruieren und dafür Lösungen schaffen.

Je konsequenter und pragmatischer Du diesen Weg gehst, umso mehr Menschen wirst Du damit erreichen und beeinflussen, und umso stärker wird Dein Wert steigen.

Thomas Alva Edison, Erfinder der Glühbirne, stellte sich die gleiche Frage. Für ihn war klar, dass die Menschen – neben 1.000 weiterer seiner Patente – ganz besonders eine kleine, mit Elektrizität zu betreibende, »Minisonne« benötigten. Ein derartiges Gerät würde eine ganze Reihe verschiedener

Probleme lösen.

Schließlich sollte er mehr als 2.000 Anläufe benötigen, bis er den ersten Kohlefaden in einer Glühlampe zum Leuchten bringen würde. Die Art und Weise, wie er mit seinen Fehlversuchen umging, ist dabei höchst beeindruckend: »Ein Misserfolg war es nicht. Denn wenigstens kenne ich jetzt 2.000 Möglichkeiten, wie ein Kohlefaden nicht zum Leuchten gebracht werden kann.«

Misserfolg ist einmal mehr Interpretationssache. Wichtig war lediglich, dass Edison wusste, was die Menschen brauchten, und dass er so lange an einer Lösung tüftelte, bis er das Problem gelöst hatte. Edison war jedoch nicht nur ein genialer Erfinder, sondern er vermochte es auch, seine Ideen zu Geld zu machen. Er erwies sich als überaus erfolgreicher und geschickter Geschäftsmann.

Wir alle können uns von diesem genialen Vorgehen ein Stückchen abschneiden und unsere Denkweise etwas mehr der Thomas Alva Edisons angleichen. Mach Dir Gedanken, was andere brauchen und wie Du ihnen einen Nutzen bieten kannst. Investier anschließend die nötige Zeit, um diese Ideen umzusetzen.

»Erfolg hat nur, wer etwas tut, während er auf den Erfolg wartet.«

THOMAS ALVA EDISON

(FORSCHER UND ERFINDER)

87.
Kunden zu Deinem Geldbaum machen?

Damit sind wir beim zweiten zentralen Aspekt des Marketings angelangt: Löse die Probleme Deiner Kunden und stelle diesen Mehrwert in den Vordergrund.

Es geht dabei darum, einen bekannten Prozess umzudrehen. Für Gary Vaynerchuk beginnt der Entstehungsprozess eines Produktes nicht mit der Entwicklung des Produktes oder der Dienstleistung, die man anschließend verkauft. Für ihn ist es genau umgekehrt: Man muss zuerst die Konsumentenerfahrung für sich entdecken. Man muss sich für den Kunden, seine Meinung und seine Kritik gegenüber einem etwaigen Produkt interessieren. Vaynerchuk stellt sich somit die Frage: Welche außergewöhnlichen Vorteile kann man dem Konsumenten bieten?

Damit fokussiert er sich darauf, zum einen die Probleme der Konsumenten zu lösen, und identifiziert damit zugleich den überlegenen Nutzen, den sein Produkt beziehungsweise seine Dienstleistung gegenüber der Konkurrenz anbietet. Es beginnt also mit den Konsumenten, nicht mit den Ingenieuren und dem Marketingteam, um das Produkt zu vertreiben.

Mit diesem Punkt empfiehlt Steve Jobs, dass Du Dich auf das fokussieren sollst, was für Dich und Deine Zielgruppe funktioniert. Analysiere also, welche Deiner Produkte oder Dienstleistungen besonders gut von den Kunden angenommen werden:

- Worin liegen Schwächen?
- Was könntest Du daran verbessern?

Bedenke immer, dass Kundenbindung deutlich einfacher ist als Neukundengewinnung – ganz egal, ob es sich dabei um kalte (gar nicht mit dem Produkt bekannt), warme (schon einmal vom Produkt gehört) oder heiße (bereits Kunde) Akquise handelt.

Kümmere Dich darum, Deine beste und zahlungskräftigste Zielgruppe maximal zufriedenzustellen, und Dein Unternehmen wird florieren.

Dieser Tipp mag zwar trivial erscheinen, kann sich allerdings zu einem wahren Umsatzkatalysator entwickeln. Schließlich spezialisierst Du Dich, gemäß dem Pareto-Prinzip, auf diese Weise ganz automatisch auf Deine Kernkompetenzen. Du verbesserst somit nicht nur Deine Fähigkeiten und Expertise, sondern festigst auch Deine Marktposition und Dein Image.

Gary Vaynerchuk und Steve Jobs

88. Die beste Werbung überhaupt?

Wir alle machen Werbung. Ob für ein Unternehmen oder uns selbst – jeder versucht, sich gegenüber anderen in einem guten Licht zu zeigen. Die Methoden der Werbung mögen sich im Laufe der letzten Jahrzehnte zwar drastisch geändert haben, die Prinzipien sind jedoch unverändert.

Gute Produkte und Dienstleistungen, die ein Problem eines Konsumenten lösen und/oder ihm wertvollen Mehrwert liefern, werden auch noch in 100 Jahren nachgefragt sein. Dafür sorgt schon allein die kostbarste aller Werbemöglichkeiten – die zugleich kostenlos ist. Mundpropaganda wird auch als externer Beziehungstrigger bezeichnet und ist die beste und zugleich anspruchsvollste Art, Werbung zu betreiben.

Sie ist deshalb so effektiv, da sie insbesondere auf einer Vertrauensbasis wirkt. Wenn Dir Bekannte begeistert von einem neuen Produkt oder einer neuen Dienstleistung erzählen, bist Du selbst sehr viel stärker geneigt zu kaufen, als durch Werbung in Fernsehen, Radio oder Internet. Das liegt insbesondere an der Glaubwürdigkeit, die Du der Aussage beimisst. Schließlich hat diese Person in der Regel keinen finanziellen Vorteil davon, Dir eine Empfehlung auszusprechen, und das vorhandene Vertrauensverhältnis gibt zusätzliche Sicherheit.

Wenn es Dir also gelingt, Produkte oder Dienstleistungen zu kreieren, die Deine Kunden über die Maßen zufriedenstellen, dann kannst Du Dir sicher sein, dass Du Dir schon bald eine ganze Heerschar zufriedener, persönlicher Fürsprecher aneignen wirst. Hierfür sind einige wenige Punkte entscheidend:

- Dein Produkt oder Deine Dienstleistung muss eine Lösung für ein Problem anbieten.
- Dein Produkt oder Deine Dienstleistung muss dem Kunden Mehrwert bieten.
- Dein Produkt oder Deine Dienstleistung muss dem Kunden mehr Wert liefern, als er bei dem dafür zu zahlenden Preis vermutet hätte.
- Dein Produkt oder Deine Dienstleistung muss einen einfachen und leicht zu erinnernden Namen haben.
- Entwirf ein Affiliate-Programm für Dein Produkt oder Deine Dienstleistung.

Wenn Dein Produkt oder Deine Dienstleistung die ersten vier Punkte erfüllt, besitzt dein Angebot alle Voraussetzungen, von anderen Menschen beworben zu werden. Schließlich bietet es alles, was sich ein Konsument nur wünschen kann. Der letzte Punkt ist die Basis dafür, Deinen Absatz enorm zu steigern. Dafür nutzt Du die Hilfe Dritter. Sie sind die Verkäufer (»Affiliates«), die Dein hoffentlich skalierbares Produkt unter die Menschen bringen.

Die Durchführung ist denkbar einfach: Du bietest interessierten Kunden die Möglichkeit an, Dein Produkt zu vertreiben und dafür eine gewisse Provision zu erhalten – dieser Prozess ist auch als Netzwerk-Marketing bekannt. Da diese Personen bereits selbst positive Erfahrungen mit Deinem Produkt oder Deiner Dienstleistung gemacht haben, wissen sie, dass sie nicht für Ramsch werben, und können diese Überzeugung voll und ganz ausspielen.

Außerdem ist die Wahrscheinlichkeit, dass der Familien-, Freundes- und Bekanntenkreis des Verkäufers Käufer wird, deutlich höher. Auf diese Weise generierst Du Werbepartnerschaften (Affiliates), die ein Eigeninteresse an dem Verkauf Deiner Produkte oder Dienstleistungen haben und sich selbst davon überzeugen konnten. Die Anzahl Deiner Verkäufe werden sich dadurch mit ziemlich großer Sicherheit deutlich erhöhen.

MORGAN FREEMAN

89.
Nutz das Internet für Dich!

»Einst lebten wir auf dem Land, dann in Städten und von jetzt an im Netz.«

Das Internet nimmt zunehmend mehr von unserer Aufmerksamkeit und Lebenszeit ein. Diese Entwicklung ist überaus ambivalent und zeigt einmal mehr die Polarität der Dinge. Während man das Internet auf der einen Seite als Netzwerk sowie als unendliche Informationsquelle nutzen und sich darüber praktisch in allen Bereichen Wissen aneignen und weiterbilden kann, ist es auf der anderen Seite ein Medium, das uns wertvoller Lebenszeit berauben kann.

Das Ergebnis hängt davon ab, was wir hineingeben und wie fokussiert wir arbeiten und Ablenkungen ausblenden – beziehungsweise wie gut wir Ablenkungen bereits im Vorfeld eliminiert haben. Insbesondere die Möglichkeit der praktisch sofortigen globalen Vernetzung ist ein Pluspunkt, den kein anderes Medium auch nur annähernd leisten kann.

Das persönliche und professionelle Netzwerk wiederum ist zu einem beträchtlichen Teil für unseren Erfolg verantwortlich. Es kann uns entweder unterstützen und unseren Erfolg damit beflügeln, oder wir sind unserem Netzwerk mit unseren Tätigkeiten relativ egal und erhalten keinerlei Unterstützung. Vor allem Menschen mit ähnlichen Interessen und Ansichten – nicht selten hochspezifisch – können sich heute allerdings so einfach wie nie zuvor finden und miteinander in Kontakt treten. Diese Möglichkeit sollten wir uns auf keinen Fall entgehen lassen.

Darüber hinaus ermöglicht uns das Internet eben auch die einzigartige Chance, uns (sogar kostenlos) auf sämtlichen Themengebieten weiterzubilden – zu jeder Uhrzeit und an praktisch jedem Ort der Welt!

Nur wenige Menschen haben den wahren Mehrwert des Internets bislang überhaupt begriffen. Dabei bietet es uns allen auch enormes unternehmerisches Potenzial.

Während wir uns als Gründer vorher »gezwungen« sahen, unsere Produkte und Dienstleistungen häufig über Zwischenhändler und mit aufwändigem Marketing an den Endverbraucher auszuliefern, hat das Internet eine ganze Armee von Entrepreneuren generiert. Sie haben verstanden, dass das Internet die einzigartige Möglichkeit bietet, mit geringem und häufig kostenlosem Werbeaufwand auf direktem Wege eine große Zielgruppe von Endkonsumenten zu erreichen.

Das Internet hat somit insgesamt sogar drei Lebensbereiche revolutioniert und eröffnet Dir vollkommen neue Möglichkeiten, die Du nur ergreifen musst:

- die Pflege sozialer Kontakte und den Ausbau des persönlichen oder beruflichen Netzwerks.
- unerschöpfliche Möglichkeiten der Weiterbildung und Informationsrecherche.
- die einfache und günstige Chance, Dein eigenes Unternehmen zu gründen.

Mark Zuckerberg

90.
So baust Du ein loyales und gutes Team auf

Talentierte Leute einzustellen, ist der beste Weg, damit ein Unternehmen wachsen kann. Schließlich geht es darum, dass ein Glied in der Kette eines Unternehmens mehr Einkommen generiert, als es das Unternehmen kostet.

Das mag trivial klingen, ist jedoch ein weit verbreitetes Missverständnis vor allem unter jungen Entrepreneuren. Sie meinen, alles selbst machen zu müssen, weil es zu teuer wäre, gewisse Tätigkeiten an andere Personen abzugeben. Dabei unterschätzen sie den Hebeleffekt, der sich durch die Vergrößerung des Teams ergibt.

Gute und talentierte Leute sollten jene Bereiche verstärken, die nicht Deiner Kernkompetenz entsprechen oder den Wert Deiner Arbeitszeit senken. Es ergibt zum Beispiel weder betriebswirtschaftlich noch im Hinblick auf Deine Arbeitszeit Sinn, dass Du Dich, selbst wenn Du Dir nur einen Stundenlohn von 10 Euro bezahlst, stunden- oder gar wochenlang mit Buchhaltung oder Steuererklärungen herumschlägst – sollte dies nicht Dein Kerngebiet sein. Es gibt dafür Spezialisten, die diese Aufgabe in deutlich weniger Arbeitsstunden bewältigen.

Angenommen, Du benötigst für die Tätigkeit 50 Stunden (500 Euro Arbeitsleistung). Eine Buchhaltungskraft mit einem Stundenlohn von 30 Euro benötigt aber lediglich 10 Stunden – also gewinnst Du trotzdem 200 Euro. Dabei ist Deine Lernkurve gar nicht mit eingerechnet!

Je besser Dein Team also ist, umso weniger musst Du sie managen und umso mehr kannst Du weiterreichen und Dich auf Dein Spezialgebiet konzentrieren. Kontrolle abzugeben, ist dabei übrigens kein Zeichen von Schwäche, sondern sehr viel mehr von Stärke. Du beweist, dass Du Deinen Mitarbeitern vertraust und sie Deine volle Rückendeckung haben. Auf diesen Prozess vorbereiten kannst Du Dich, indem Du bereits als angehender Entrepreneur oder Angestellter lernst, Aufgaben zu delegieren und outzusourcen. Gerade in Zeiten des Internets ist dies enorm einfach geworden.

Deine Aufgabe als Unternehmer – wenn Du wachsen willst – sollte sich also zunehmend auf Deine Kompetenz als Arbeitgeber und Recruiter passender und harmonierender Personen verstärken. Harmonie im Team ist dabei genauso wichtig wie Menschen, die Dich herausfordern und Dich kritisieren.

Auf diese Weise verstärken sie Dein Unternehmen und auch Dein persönliches Wachstum. Bau Dir also Stück für Stück ein Experten-Team auf. Was Dein Team dann vor allen Dingen braucht, ist eine gemeinsame Vision. Diese Vision muss von allen verstanden und geteilt werden. Dafür muss es Dir allerdings gelingen, Deine Vision richtig zu kommunizieren. Je besser Du Deine Vision kommunizieren kannst, umso besser verstehen sie andere, leben sie und setzen sie um.

Steve Jobs spricht damit das Thema der Corporate Identity an. Seinem Unternehmen Apple zählt in diesem Bereich ohne Zweifel zu den besten im Geschäft. Wikipedia definiert die Corporate Identity folgendermaßen:

»Corporate Identity ist die Gesamtheit der Merkmale, die ein Unternehmen kennzeichnen und es von anderen Unternehmen unterscheiden.«

Corporate Identity erzeugt somit ebenfalls ein Alleinstellungsmerkmal für das Unternehmen. Wenn allen Deinen Mitarbeitern bewusst ist, was sie von der Konkurrenz unterscheidet, und wenn sie sich auf diese Stärken zu konzentrieren wissen, bist Du Deinen Wettbewerbern nicht nur Meilen, sondern Lichtjahre voraus. Nur wenn Du Menschen in Deinem Unternehmen anzustellen vermagst, die wirklich an die Idee und das Unternehmen – seine Produkte und Dienstleistungen – glauben, wirst Du den Raketenstart schaffen, von dem Du träumst.

Einen Anfang sollte dafür eine Kerngruppe von zehn Personen bilden, die später selbst auswählt, wer zur Gruppe hinzustoßen kann und darf und wer nicht.

»Die besten Manager sind jene, die eigentlich gar keine Manager sein wollen, sich jedoch dafür entscheiden, weil sie realisiert haben, dass niemand die Arbeit so gut vollbringen wird, wie sie selbst.«

STEVE JOBS

MUHAMMAD ALI, STEVE JOBS UND TIMOTHY FERRISS

91.
Lass die Besten der Besten für Dich arbeiten!

Nach welchen Charaktereigenschaften solltest Du nun Mitarbeiter einstellen? Während Du auf der technischen Seite »einfach« nur gewährleisten musst, dass Deine Mitarbeiter in ihren Bereichen besser sind als Du und miteinander harmonieren, sind für Warren Buffett vor allen Dingen drei weitere Charaktereigenschaften von Bedeutung: Integrität, Intelligenz und das Energieniveau.

1. Integrität

Integrität bedeutet, dass eine hohe Übereinstimmung zwischen den eigenen Idealen und Werten und der Lebenspraxis der jeweiligen Person besteht. Auf persönlicher Ebene bedeutet das, dass das persönliche Wertesystem mit dem eigenen Handeln übereinstimmt. In anderen Worten ausgedrückt: Werte und Handeln sind kohärent.

Wer integer ist, weiß, dass sich seine persönlichen Überzeugungen, Maßstäbe und Wertvorstellungen in seinem Verhalten ausdrücken. Eine integre Person ist sich selbst treu. Das wiederum fördert das Vertrauen in diese Person, weil sie authentisch ist. Man kennt ihre Beweggründe und weiß, wie sie in den meisten Fällen reagieren wird.

Außerdem sind Integrität und Loyalität eng aneinander gekoppelt. Eine integre Person ist in der Regel auch loyal. Loyalität wiederum steigert Deinen intangiblen (nicht greifbaren) Unternehmenswert, da Du eine deutlich geringere Fluktuation von Mitarbeitern verzeichnest und jeder Mitarbeiter stets mit einer Investition Deinerseits – ob Zeit und/oder Geld – einhergeht.

2. Intelligenz

Intelligente Menschen einzustellen, scheint ein trivialer Ratschlag zu sein. Nichtsdestotrotz wird immer und immer wieder darüber hinweggesehen. Gerade die bei Bewerbungsgesprächen in der Regel anwesenden Abteilungsleiter greifen nicht selten für das Unternehmen nachteilig in das Einstellungsverfahren ein, wenn sie merken, dass ihnen der Bewerber in Zukunft gefährlich werden könnte.

Diesen Fehler solltest Du auf keinen Fall begehen. Außerdem solltest Du Dir bewusst sein, dass Intelligenz sowohl emotional als auch rational sein kann. Heutzutage wird vor allem auf die rationale, kognitive und akademische – eher neutrale – Intelligenz geachtet. Das kann für die Harmonie eines Teams und den Erfolg eines Unternehmens jedoch überaus nachteilig sein. Eine gesunde Mischung besteht stets aus rational und emotional intelligenten Menschen.

Emotionale Intelligenz zeigt sich in der Fähigkeit, neben den eigenen auch die Gefühle Dritter wahrnehmen, verstehen und beeinflussen zu können. Aus evolutionstheoretischer Sicht ist daher der emotional intelligente Mensch sogar mächtiger als der beste Ingenieur. Er mag zwar nicht in der Lage sein, ausgefeilte Brücken zu bauen, schafft es jedoch, die Gruppe so zu organisieren, dass sie glücklich und stolz auf ihre Tätigkeit ist. Es ist also die deutlich schwierigere Aufgabe, die ausgeprägte Menschenkenntnis verlangt, emotional intelligente Menschen zu finden und einzustellen. Achte also auf eine gesunde Kombination von rational und emotional intelligenten Menschen in Deinem Team und Unternehmen.

3. Energieniveau

Das Energieniveau ist ein Aspekt, der nur selten berücksichtigt wird. Dabei ist er ein überaus wichtiger Faktor, der sich nicht zuletzt enorm auf die Verkaufszahlen eines Unternehmens auswirkt.

Eine Person mit einem hohen Energieniveau besitzt die Fähigkeit, andere Menschen in ihrem Umfeld ebenfalls nach oben zu ziehen. Sie spornt Mitarbeiter und Freunde zu höheren Leistungen an und motiviert sie ständig dazu, einen extra Schritt zu gehen. Das kann eine Dynamik auslösen, die enorm ansteckend wirkt. Eine einzige Person kann damit am Ende sogar in der Lage sein, ein gesamtes Unternehmen positiv verändern.

Versuch also stets, selbst eine dieser Personen zu sein. Energie hast Du vor allem dann, wenn Du auf Dich und Deine Ernährung achtest, für genügend Bewegung an der frischen Luft sorgst und ausreichend Wasser trinkst. Außerdem sind Präsenz und das zu tun, wozu Du wirklich Lust hast, wahre Energiespender. Warren Buffett erklärt, dass jene Personen, die nicht über die ersten beiden Aspekte Integrität und Intelligenz verfügen, auch kein hohes Energieniveau besitzen werden.

WARREN BUFFETT

92.
Das Warum und wieso Du darauf stolz sein kannst

»Wisse, warum Du jeden Tag aufstehst und Deiner Tätigkeit nachgehst.«

Diesen Aspekt für sich beantworten zu können und sich jeden Tag aufs Neue zu vergegenwärtigen, zählt zu den größten Motivationstreibern überhaupt. Er impliziert einen gewissen Stolz auf das, was Du tust.

Besonders wertvoll ist die Aussage dann, wenn Deine Motivation mehr intrinsisch als extrinsisch ist. Intrinsische Motivation kommt von innen, beispielsweise Leidenschaft, während extrinsische Motivation durch äußere Faktoren wie Geld, provoziert wird. Intrinsische Motivation ist nachhaltig und selbst verstärkend, während extrinsische Motivation kurzfristig und selbstschwächend ist.

Versuch also, die Anzahl intrinsischer Motivatoren zu erhöhen, während Du extrinsische Motivatoren reduzierst. Für uns als Autoren liegt die intrinsische Motivation zum Beispiel darin, mit dem Schreiben unserer Leidenschaft nachgehen zu dürfen, damit anderen Menschen zu helfen, sie zu inspirieren und zu motivieren. Diese Gründe vergegenwärtigen wir uns jeden Morgen. Das führt dazu, dass wir gerne aufstehen – auch dann, wenn wir uns eigentlich gerne nochmal umdrehen würden. Und wir sind uns sicher, dass uns diese Art der intrinsischen Motivation auch noch in 50 Jahren animieren wird, unseren Weg weiterzugehen und selbst bei größten Hindernissen nicht aufzugeben.

Dieser Punkt leitet unmittelbar zu einer Aussage von Steve Jobs über. Er legte stets Wert darauf, dass er stolz auf die von ihm geschaffenen Produkte und Dienstleistungen sein konnte. Nur dann konnte er voll und ganz dahinterstehen. Produkte und Dienstleistungen sollten sogar so toll sein, dass man sie gerne weiterempfiehlt und gerne auch an Familie, Freunde und Bekannte verkauft. Vor allem Menschen, mit denen man in einer engeren Beziehung steht, sind nämlich nicht nur häufig die größten Kritiker, sondern man wird sich auch hüten, ihnen schlechte Produkte »anzudrehen«.

Darüber hinaus wollte Jobs seine Computer zu den günstigstmöglichen Preisen verkaufen. Sein Maßstab war, die besten PCs der Branche herzustellen. Seiner Ansicht nach ist es immer nur ein sehr kleiner Prozentsatz aller Unternehmen und Unternehmern, die dieses Ziel verfolgen.

STEVE JOBS

93. So setzt Du Dein Business und Dein Leben in Relation

Wer Gary Vaynerchuk schon einmal sprechen gehört hat, weiß, dass er die Dinge beim Namen nennt. Deshalb macht er auch keinen Hehl daraus, dass das Entrepreneur-Dasein lange nicht so romantisch ist, wie es häufig aufgezeigt wird.

»Entrepreneur zu sein stinkt«, so Vaynerchuk etwas ironisch, schließlich liebt er die Ironie. Dennoch trifft er damit einen wesentlichen Punkt. Als Unternehmer ist man häufig allein, investiert Unmengen an Arbeitsstunden und schläft deutlich weniger als in einem geregelten Angestelltenverhältnis. Darüber hinaus scheitern auf lange Sicht 98 Prozent aller Unternehmen!

Was Vaynerchuk damit anspricht, ist die Tatsache, dass man sein Dasein als Unternehmer, Selbstständiger oder Investor lieben und es mit allen seinen »negativen« Seiten akzeptieren und annehmen muss, um langfristig bestehen und wachsen zu können. Doch jede Leidenschaft kann eben auch immer Leiden schaffen.

Man kann sich niemals vor allen Eventualitäten schützen. Fehler zu begehen und an Hindernissen zu scheitern, ist Teil des Prozesses. Sich dies nicht zu Herzen zu nehmen und nicht persönlich daran zu zerbrechen, ist allerdings nicht immer einfach. Vaynerchuk hat daher einen etwas unkonventionellen Tipp entwickelt, solltest Du an diese »Grenzen« stoßen.

In besonders schwierigen Zeiten ist es für ihn wichtig, sein Unternehmen und seine berufliche Tätigkeit in Perspektive zu setzen. Vaynerchuk wird sich dann gewahr, dass es andere Lebensbereiche gibt (Familie, Gesundheit, ...), die mindestens genauso wichtig sind und für die er in diesen Momenten besonders dankbar ist. Er geht manchmal sogar so weit, dass er sich vorstellt, bei einem Anruf mitgeteilt zu bekommen, dass seine Frau, Mutter oder Tochter umgekommen seien. Gegenüber derartigen Schicksalsschlägen erscheinen jedwede beruflichen Probleme ziemlich klein und unbedeutend.

Diese Vorstellung kann unwahrscheinlich inspirierend und motivierend wirken. Aufgrund der Kraft unserer Vorstellung sollte diese ex¬trem drastische Maßnahme allerdings nur in Ausnahmefällen genutzt werden. Gesünder ist es, sich einmal täglich der Dinge außerhalb des Berufs oder Unternehmens bewusst zu werden, für die man besonders dankbar ist – und dies zum Beispiel in einem Tagebuch niederzuschreiben.

Gary Vaynerchuk

94.
Die magische Regel, alles zu schaffen

Konsequenz und Tatendrang sind Eigenschaften, die alle erfolgreichen Menschen gemein haben. Sam Walton, Gründer von Wal Mart, dem nach wie vor umsatzstärksten Unternehmen aller Zeiten, verdichtete diese Charakterzüge zu einer Verhaltensanweisung, die später als die sogenannte »Sundown-Rule« bekannt werden sollte.

Noch heute ist sie ein Fundament des Unternehmens und hat sich über die Jahrzehnte tief in die Unternehmenskultur eingeprägt. Auf sie ist nicht zuletzt die überdurchschnittliche Kundenorientierung und der unbestrittene unternehmerische Erfolg von Wal Mart zurückzuführen.

Die »Sundown«-Regel besagt, dass Du, bevor Du Dein Büro verlässt, alle Anfragen, Nachrichten, Telefonate und Briefe beantwortest und abarbeitest.

Dieses Verhalten zeugt neben großer Kunden- bzw. Außenorientierung auch von einer dynamischen Kultur des Anpackens und beugt aufkommender Lethargie vor. Du kennst diese Regel vermutlich unter dem Sprichwort:

»Verschiebe nicht auf morgen, was Du heute kannst besorgen.«

Die »Sundown«-Regel steht in unmittelbarem Zusammenhang mit dem Parkinson'schen Gesetz. Dieses besagt, dass Menschen Aufgaben immer auf die dafür vorgesehene Dauer ausdehnen – beispielsweise auf die Deadline. Wenn Du also für eine vermeintlich kleine Aufgabe einen ganzen Monat Zeit hast, wirst Du dafür ziemlich genau einen Monat benötigen und die Aufgabe dementsprechend ausweiten.

Dieser Mechanismus ist die Ursache des nicht nur jedem Studenten bekannten Phänomens der Prokrastination beziehungsweise der »Aufschieberitis«. Leider wird diese Erfolgs-Grundregel weitgehend falsch interpretiert als »Verschiebe nicht auf morgen, was Du auf über- und überübermorgen verschieben kannst.«

Dabei vermag die Einhaltung der »Sundown«-Regel eine enorme Dynamik auszulösen und aufrechtzuerhalten. Zum einen räumst Du der anfragenden Person eine hohe Priorität ein, indem Du noch heute antwortest. Darüber hinaus erledigst und schließt Du Aufgaben sofort ab.

Diese einfache Methodik sorgt dafür, dass Du vor allem die vermeintlich kleinen und unwichtigen Aufgaben nicht länger aufschiebst und anhäufst, sondern direkt abarbeitest. Dadurch steigerst Du Deinen persönlichen Wert. Das wiederum füttert Deine Erfolgsspirale. Zudem befreit es und verschafft Dir Freiraum, den Du den wichtigen und zielführenden Aufgaben widmen kannst.

SAM WALTON
GRÜNDER VON WAL MART

95. Die ultimative Reichtumsformel

Earl Nightingale fokussierte sich immer ganz speziell auf die finanzielle Situation der Menschen. Er betonte häufig, dass nur 10 von 100 Menschen im Alter von 65 finanziell sicher und nur 4 aus 100 finanziell komfortabel leben werden. Den Grund kannst Du mit einer einfachen Frage an die betreffenden Personen oder an Dich selbst eruieren: Was machst Du gerade, um Dein Einkommen jetzt gerade zu steigern? Wie viel Geld willst Du im Alter von 65 wert sein?

Die Reaktionen werden sich überwiegend in offenen Mündern äußern. Schließlich wird die Mehrheit in diesem Augenblick realisieren, dass sie kaum etwas dafür tut oder konstruktiv darüber nachdenkt. Daher ist es nach Earl Nightingale sogar sehr viel einfacher, als man denkt, sehr viel wohlhabender als die anderen zu werden.

Er bezeichnet es als Wettrennen, das schon zu Beginn viel zu wenige Teilnehmer hat. Mehr als 90 Prozent befinden sich gar nicht im Rennen. Die Wenigen, die teilnehmen, werden schon allein deshalb mit großer Sicherheit vor allen anderen ins Ziel kommen. Selbst wer als Letzter die Ziellinie überquert, wird finanzielle Sicherheit erzielen.

Menschen mit großen Einkommen hatten also weder mehr Glück noch mehr Talent noch mehr Intelligenz. Es ist ein riesiger Irrglaube, diese Menschen hätten in irgendeiner Weise bessere Voraussetzungen vorgefunden als Du. Es wird immer Hunderte und Tausende Menschen geben, die es unter deutlich schlechteren Voraussetzungen als Du geschafft haben. Diese Aussagen sind nur Alibis für jene, die es niemals konsequent probiert haben. Dabei haben sich die finanziell erfolgreichen Menschen lediglich dazu entschlossen, mehr zu verdienen als der Rest, und sich daraufhin genau darum gekümmert.

Ohne die Entscheidung, wirklich erfolgreich und wohlhabend zu sein, wirst auch Du Dich letztendlich niemals um das Rezept dafür bemühen.

»Jeder Mensch ist genau da, wo er sein will – egal ob er es sich nun eingesteht oder nicht.«

»Wir sind alle selbstgemacht. Doch nur die Erfolgreichen werden dies zugeben.«

Um erfolgreich zu sein, musst Du planvoll und konsequent vorgehen. Wie ein Pilot, der bei jedem Start und bei jeder Landung Punkt für Punkt seine Checkliste durchgeht. Druck Dir also die folgende Reichtumsformel aus und bring sie irgendwo an, wo du sie oft siehst. Nightingale empfiehlt den Spiegel im Bad, wo Du sie jeden Morgen und jeden Abend durchlesen und darüber nachdenken kannst. Je häufiger Du sie liest umso besser natürlich. So lautet die Reichtumsformel von Earl Nightingale:

1. Gegenleistungen stehen immer im exakten Zusammenhang zum Beitrag, den Du leistest.

Auf die Bezahlung Deiner Tätigkeit in einem Unternehmen kann man die Aussage folgendermaßen übertragen: Dein Lohn wird immer in genauer Relation zu drei Faktoren stehen – dem Bedürfnis beziehungsweise der Nachfrage nach dem, was Du tust, Deinen Fähigkeiten, es zu tun, und der Schwierigkeit, Dich zu ersetzen. Willst du also erfolgreicher werden, leiste mehr und erreiche damit mehr Menschen.

2. Nutze die Goldmine Deines Geistes!

Der Schlüssel zum Erfolg einer jeden Person liegt in seinem Geist. Nightingale nennt ihn die Goldmine zwischen den Ohren. Er betont, dass Dich schon eine Idee allein reich machen kann. Viele gute Ideen können Dich langsam, aber sicher auf der Erfolgsleiter nach oben klettern lassen. Überleg also, was Deine Spezialität ist, und wie Du das, was Du tust, besser tun kannst.

Nightingale empfiehlt, jeden Tag morgens und abends, am besten zu einer ganz bestimmten Uhrzeit, darüber nachzudenken. Setz Dich dann hin und schreib Dein finanzielles Ziel auf einen weißen Zettel. Die Summe, die Du jährlich verdienen willst. Denke über Dein Ziel nach und darüber, wie Du es so schnell wie möglich erreichen kannst. Das gelingt vor allem über Wege das zu verbessern, was Du bereits kannst und damit, mehr Menschen zu erreichen. Wie kannst Du Deinen Beitrag vergrößern, um Dein Einkommensziel zu verwirklichen?

Versuch, jeden Tag mindestens fünf neue Ideen zu kreieren, und leg sie in einem Ordner ab. Wenn Du das fünf Tage die Woche machst, wirst Du einen Pool von mehr als tausend Ideen jährlich anlegen. Eine einzige Idee kann genügen, um Dich finanziell unabhängig zu machen. Spezialisier Dich also, halte Deine Gedanken auf ein Feld gerichtet und verbessere darin Deine Fähigkeiten.

3. Deine Geisteshaltung, Einstellung und Dein Verhalten

Wir werden, worüber wir nachdenken. Menschen können somit ihr Leben verändern, indem sie ihre Geisteshaltung verändern. Das sollte mittlerweile bekannt sein. Die Überprüfung Deiner Geisteshaltung ist relativ einfach. Es genügt ein Blick in Dein Umfeld. Es ist eine Reflexion, ein perfekter Spiegel Deines menschlichen Wesens. Wenn Dir nicht gefällt, was du vorfindest, musst Du Deine Geisteshaltung beziehungsweise Dein Selbstbild ändern – wie in Kapitel 17.

»Man muss erst jemand sein, bevor man etwas tun kann.«

JOHANN WOLFGANG VON GOETHE

Wenn Du es eine Stunde am Tag tust, werden daraus sieben Stunden die Woche und 28 im Monat. Das macht 1.456 Stunden pro Jahr! Und Du wirst gemäß der 10.000-Stunden-Regel in weniger als sieben Jahren genau zu dieser Person. Sei Dir jedoch gewiss, dass der exponentielle Lerneffekt dafür sorgen wird, dass Du Dein Ziel sogar sehr viel schneller zu erreichen vermagst.

EARL NIGHTINGALE

96.
Broadcaste Dich!

Einige der wertvollsten Empfehlungen haben wir uns fast für den Schluss aufgehoben. Zum Schluss deshalb, weil sie an dieser Stelle einen deutlich höheren Wirkungsgrad erzielen als zu Beginn. In dieser Lektion soll es darum gehen, Dich und Deine Botschaft zu verbreiten.

Dadurch schaffst Du neue Kontakte, Menschen kommen auf Dich zu und Du machst Werbung für Dich.

Grundsätzlich fühlen wir uns zu jenen Menschen hingezogen, die lieben, was sie tun. Eine Leidenschaft lässt sich einfacher hören, sehen und spüren als jede Kompetenz. Indem Du Deine Botschaft, Deine Gedanken und Gefühle der Welt mitteilst, wirst Du Dir einen Stamm von Anhängern zulegen, die Deine Produkte und Dienstleistungen gerne konsumieren und Dir bei Deinen Projekten sogar unter die Arme greifen.

Beginn also am besten noch heute damit, Dich und Deine Botschaft in die Welt zu tragen. Die Werkzeuge hierfür sind im digitalen Zeitalter selbst von einem Anfänger zu bedienen und darüber hinaus extrem kostengünstig. Zudem bietet Dir das Internet Reichweiten mit extrem hoher Relevanz (Zielgruppenpassgenauigkeit). Davon können Fernsehen und Radio heutzutage nur träumen!

Folgende drei Broadcasting-Methoden eigenen sich besonders gut:

- Beginne ein Blog: Mit einfachen Open-Source-Programmen wie Wordpress kannst Du Dir in weniger als einer Stunde ein eigenes Blog einrichten. In vielen Youtube-Tutorials werden Dir die Einrichtung, Layout und Design erklärt. Profi-Tipp: Richte unbedingt einen Newsletter mit Autoresponder ein!
- Starte einen Youtube-Kanal: Selbst mit einer einfachen Webcam kannst Du noch heute damit beginnen, einen Youtube-Kanal einzurichten und ihn mit interessanten und wertvollen Videos zu füllen. Der Mehrwert für den Zuschauer sollte dabei immer im Vordergrund stehen!
- Starte einen Podcast: Die Alternative zu einem Youtube-Kanal ist ein Podcast. Mit Deiner persönlichen »Radiosendung« kannst Du Deine Botschaft über Youtube oder iTunes in die Welt tragen. Darüber hinaus bieten gerade Podcasts die Möglichkeit, Experten zu befragen und interessante Kontakte zu knüpfen.

Je authentischer Du bist, umso schneller und größer wird der Stamm Deiner Anhänger werden. Und bitte: Es geht dabei nicht um das Geld!

Indem Du Deine (passiven) Einnahmeströme vergrößerst, schaffst Du Dir die Möglichkeit, durch das Kapital, Deine Botschaft zu skalieren und Deine Leidenschaft mit immer mehr Menschen zu teilen.

BRIAN ROSE

97. Sechs Empfehlungen für Gewohnheiten besonders hoher Qualität

Bevor wir dieses Buch mit den letzten beiden Tipps beenden, wollten wir noch einmal unterstreichen, wie wichtig Gewohnheiten für Deinen Erfolg sind. Sie sind das A und O! Ohne gute und Erfolg produzierende Gewohnheiten ist es nicht nur schwer, Dich zu motivieren, sondern überhaupt, Ergebnisse zu erzielen. Deshalb greifen wir in dieser Lektion auf sechs Empfehlungen des ultimativen »Gewohnheitsprofis« Brian Tracy zurück.

Er war einer der ersten Motivationstrainer, der seine Schüler immer und immer wieder darauf hingewiesen hat, dass sich ihr Leben so lange nicht großartig ändern wird, wie sie nicht bereit sind, sich neue, produktive und Erfolg produzierende Gewohnheiten anzueignen.

Der Weg zu einer neuen Gewohnheit kann unter Umständen lang und beschwerlich sein. Doch gerade das zeigt, dass sie besonders wichtig sind. Wäre es so einfach, wäre schließlich jeder erfolgreich!

Die sechs ultimativen Empfehlungen für Gewohnheiten nach Brian Tracy:

1. Fokussier Dich auf die tägliche Zielsetzung und bleibe zielorientiert. Wenn Du abends ins Bett gehst, kannst Du bereits an Deine Ziele für den nächsten Tag denken und diese auf eine Liste schreiben. Selbst wenn Du mit dem Auto fährst oder mit anderen sprichst, kannst Du an Deine Ziele denken. Denk so oft an Deine Ziele, wie Du kannst!

2. Sei ergebnisorientiert. Denk an die wichtigste Sache, die Du jetzt erledigen musst, um Deine wichtigsten Ziele sofort zu erreichen. Frag Dich: Wenn ich heute nur eine einzige Sache tun könnte und dann aufhören müsste, was würde das sein? Markiere sie und mache sie sofort, noch heute. Und geh dieser Tätigkeit so lange nach, bis Du sie abgeschlossen hast. Das ist eine der wirkungsvollsten Techniken überhaupt.

3. Sei menschenorientiert. Alles was Du erreichst, erreichst Du immer nur mit anderen. Frag Dich daher immer wieder: Was wollen andere von mir, und wie kann ich ihnen helfen?

4. Bleib gesundheitsorientiert. Iss weniger und dafür besser. Deine Gesundheit ist Dein größtes Kapital – pflege sie! Trainiere Deine Fitness und Ausdauer täglich und plane für Dich Phasen der täglichen Erholung. Warum? Damit Du extrem erfolgreich werden kannst, brauchst Du sehr viel mehr Energie als der Durchschnitt.

5. Sag immer die Wahrheit – egal, zu welchem Preis.

6. Üb Dich in Selbstdisziplin. Sie ist definitiv eine Fähigkeit der extrem Erfolgreichen. Sie bedeutet Dich selbst dazu zu bringen, etwas zu tun, wann Du es tun solltest. Ganz gleich, ob Du darauf Lust hast oder nicht.

Brian Tracy

98. Vergangenheit, Zukunft und Gegenwart

»Zeit ist überhaupt nicht kostbar, denn sie ist eine Illusion. Was dir so kostbar erscheint, ist nicht die Zeit, sondern der einzige Punkt, der außerhalb der Zeit liegt: das Jetzt. Das allerdings ist kostbar. Je mehr du dich auf die Zeit konzentrierst, auf Vergangenheit und Zukunft, desto mehr verpasst du das Jetzt, das Kostbarste, was es gibt.«

ECKHARD TOLLE

Wenn man sich mit persönlichem und geistigem Wachstum beschäftigt, stößt man zwangsläufig auf das Thema Bewusstsein. Der Geist ist zugleich unser stärkster Verbündeter und größter Feind – je nachdem wie wir ihn nutzen beziehungsweise uns von ihm benutzen lassen. Kaum jemand ist sich zum Beispiel des Vorgangs bewusst, dass Gedanken immerzu zwischen Vergangenheit und einer möglichen Zukunft hin- und herspringen. Was bedeutet diese Erkenntnis für Dich?

Obwohl uns unser Geist immerzu begleitet und sogar immerzu Einfluss auf uns ausübt, indem wir beispielsweise ständig Selbstgespräche führen, bemerken wir ihn kaum. Seine Täuschung ist für uns zur Normalität geworden. Wir sehen den Wald vor lauter Bäumen nicht mehr.

Doch genau das führt zu Unzufriedenheit und Stress. Stress entsteht, wenn die gegenwärtige Situation mit der gewünschten Situation nicht übereinstimmt. Heute sollen wir mehr denn je in diesem Stadium gefangen gehalten werden, um uns durch Konsum von dieser inneren Unzufriedenheit freizukaufen. Dieses Ungleichgewicht zwischen Vergangenheit und Zukunft kann man nur auf eine einzige Weise ausgleichen – durch Präsenz.

Die Präsenz, der gegenwärtige Augenblick, ist die Mitte unseres Lebens. Sie erzeugt wie bei einer Waage ein Gleichgewicht zwischen beiden Polen. Sobald wir aus dem Gleichgewicht geraten, schweben wir entweder in einem vergangenen oder in einem möglichen zukünftigen Zustand und erzeugen damit innere Unzufriedenheit und Stress.

Außerdem verpassen wir damit das größte Geschenk des Lebens – die Gegenwart. Das Hier und das Jetzt. In der Sekunde, da wir realisieren und verinnerlichen, dass immer nur der gegenwärtige Augenblick existiert und existieren wird, muss sich unser Leben von Grund auf ändern.

Plötzlich bemerken wir, dass unser Leben vielmehr ein Gleiten von Augenblick zu Augenblick ist und die Verbindung aller Punkte und Stationen unserer Vergangenheit folgerichtig zum jetzigen Zustand führen musste.

Die beste Medizin gegen Angst (vor der Zukunft) und für Erfolg (in der Zukunft) ist daher das Leben im Hier und Jetzt. Wie lässt sich das Leben in der Gegenwart nun mit dem persönlichen, spirituellen, beruflichen, gesundheitlichen und sozialen Erfolg verbinden? Dieses Geheimnis soll eine letzte Erfolgsformel lösen:

Leb vollkommen präsent in der Gegenwart, aber halte Deine Gedanken auf das gerichtet, was Du erreichen willst. Fühle es und verhalte Dich so, als hättest Du es bereits und Du wirst erfolgreicher werden, als Du es jemand für möglich gehalten hast.

Eckhard Tolle (spiritueller Lehrer)
und Spencer Johnson (Managementexperte)

99.
14 Sätze für mehr Motivation und Erfolg

Mit der Anwendung der in diesem Buch geschilderten Tipps ist Erfolg in allen Lebensbereichen möglich. Im letzten Tipp möchten wir noch einmal ausschließlich die erfolgreichen Menschen zu Wort kommen lassen. Sie werden Dir das letzte Quäntchen Motivation und Inspiration liefern, Deine Ziele jetzt, hier und heute anzugehen.

Motivation 1

»Ich glaube, dass jeder Mensch eine feste Anzahl von Herzschlägen hat. Ich habe nicht vor, einen einzigen von meinen zu vergeuden.«

NEIL ARMSTRONG

Motivation 2

»Das Größte, was man erreichen kann, ist nicht, nie zu straucheln, sondern jedes Mal wieder aufzustehen.«

NELSON MANDELA

Motivation 3

»Schau hinauf in die Sterne und nicht hinunter auf deine Füße. Versuch, dem, was du siehst, einen Sinn zu geben, und denk darüber nach, warum das Universum existiert. Sei neugierig.«

STEPHEN HAWKING

Motivation 4

»Lerne von gestern, lebe im Jetzt, hab Hoffnung für morgen. Wichtig ist, dass man nicht aufhört zu fragen.«

ALBERT EINSTEIN

Motivation 5

»Meist sind die Menschen erfolgreich, die nicht wissen, dass Fehlschläge unvermeidlich sind.«

COCO CHANEL

Motivation 6

»Der Sinn unseres Lebens ist es, glücklich zu sein.«

DALAI LAMA

Motivation 7

»Das größte Risiko ist es, kein Risiko einzugehen ... In einer Welt, die sich rasend schnell verändert, ist die einzige Strategie, die zum Scheitern verdammt ist, keine Risiken einzugehen.«

MARK ZUCKERBERG

Motivation 8

»Deine Zeit ist begrenzt. Also verschwende sie nicht damit, das Leben eines anderen zu leben.«

STEVE JOBS

Motivation 9

»Tu jeden Tag eine Sache, die dir Angst macht.«

ELEANOR ROOSEVELT

Motivation 10

»Es ist egal, wie langsam du gehst – solange du nicht stehen bleibst.«

KONFUZIUS

Motivation 11

»Die beiden wichtigsten Tage in deinem Leben sind der Tag, an dem du geboren wirst, und der Tag, an dem du herausfindest, warum.«

MARK TWAIN

Motivation 12

»Der Unterschied zwischen Gewinnen und Verlieren ist meistens, nicht aufzuhören.«

WALT DISNEY

Motivation 13

»Du musst Großartiges von Dir selbst erwarten, bevor Du es tun kannst.«

MICHAEL JORDAN

Motivation 14

»Die wichtigste Stunde im Leben ist immer der Augenblick;
der bedeutsamste Mensch im Leben ist immer der,
welcher uns gerade gegenübersteht;
das Notwendigste in unserem Leben ist stets die Liebe.«

LEO TOLSTOI

Fazit

Die Arbeit an diesem Buch und den Erfolgshacks war eine spannende Reise, die sehr viel mehr Erkenntnisse bereithielt, als wir uns jemals erträumt hatten. Sie wollten gar nicht mehr abreißen.

Einige Punkte mögen sich zwar ähneln, eine Redundanz entsteht dadurch jedoch nicht. Vielmehr verstärken sich ihre Aussagen und deren Qualität und Dynamik. Nach der Lektüre dieses Buches sollte auch der letzte Skeptiker davon überzeugt sein, dass Erfolg ganz und gar nichts mit Zufall oder Glück zu tun hat. Erfolg ist sehr viel mehr eine logische Konsequenz pausenloser Arbeit an sich selbst und den eigenen Fähigkeiten.

Zu behaupten, Erfolg habe etwas mit Glück zu tun, ist lediglich eine Ausrede dafür, die bequeme und sichere Komfortzone nicht verlassen zu müssen. Dabei wird es erst in der Lebenszone richtig interessant und aufregend. Nur wenn wir uns hinauswagen, können wir unser gesamtes Potenzial auch ausschöpfen. Dazu soll dieses Buch ermutigen.

Beweg Dich hinaus, schaff Dir neue, erfolgreiche Routinen, wiederhole sie, übe täglich, lebe Deine Leidenschaft, verbessere Deine Fähigkeiten, lass Dich nicht von anderen von Deinem Weg abbringen, denk so groß, wie Du kannst, sei authentisch, werde eine gebende Person und bleibe präsent im Hier und Jetzt.

Folge konsequent, Tag auf Tag, den Techniken und Übungen in diesem Buch und erzeuge dadurch jene Erfolgsspiralen, die Dich und Dein Leben in kürzester Zeit ERFOLG - REICH verändern werden.

Konntest Du etwas lernen?

Wenn Du irgendetwas aus diesem Buch mitnehmen konntest, würden wir Dich bitten, uns ebenfalls einen Gefallen zu tun: Entweder, indem Du das Buch weiterempfiehlst, ein paar Exemplare verschenkst oder eine kurze Bewertung auf Amazon oder Thalia hinterlässt. Dies dauert nur ein paar Sekunden und kann auf der Produktseite des Buchs, mit Klick auf die Sterne, eingestellt werden.

Wir lesen wirklich jede Bewertung und jedes Feedback. Das hilft uns enorm dabei, unsere Bücher stetig zu verbessern. Daher wären wir Dir sehr dankbar, wenn Du dieses Buch offen und ehrlich bewertest.

Darüber hinaus kannst Du uns jeder Zeit unter info@klhe.de *erreichen.*
Vielen herzlichen Dank für Deine Unterstützung!
Chris & Jens

Titel von KLHE finance

168 Seiten
ISBN 978-3-947061-85-3
Auch als Hörbuch und Hardcover erhältlich

Ein verständlicher, solider Einstieg in die Welt der Aktien. Lerne anhand konkreter Strategien, ein Vermögen aufzubauen. Inklusive Dividendenchampions!

180 Seiten
ISBN 978-3-947061-88-4
Auch als eBook und Hardcover erhältlich

Investieren ohne Raubbau an der Natur oder Waffengeschäfte? Ganz ohne Verzicht auf Rendite? Ökoethinvesting!

152 Seiten
ISBN 978-3-947061-86-0
Auch als eBook und Hardcover erhältlich

Endlich leben ohne Bankberater?
Jetzt (auch als Anfänger) intelligent und erfolgreich in ETFs investieren und im Faulbär-Modus vermögend werden.

152 Seiten
ISBN 978-3-947061-87-7
Auch als Hörbuch und Hardcover erhältlich

Verstehe die Blockchain-Technologie und lerne, strategisch in Kryptowährungen zu investieren. Werde fit für die Kryptowelt von morgen!

Bücher unter: *www.KLHE.de*, im Buchhandel, Audible und Amazon

148 Seiten
ISBN 978-3-947061-80-8
Auch als Hörbuch und Hardcover erhältlich

Unser Geldsystem provoziert Finanzkrisen und macht uns alle sukzessive ärmer, kränker und unzufriedener. Verstehe das Hamsterrad unserer Zeit.

132 Seiten
ISBN 978-3-947061-81-5
Auch als Hörbuch und Hardcover erhältlich

Familie Zufall beschließt, endlich aus dem Hamsterrad auszubrechen. Mithilfe der Strateie von Karl Kulation gelingt ihnen die Flucht aus der Tretmühle.

120 Seiten
ISBN 978-3-947061-82-2
Auch als eBook und Hörbuch erhältlich

Der letzte Sparratgeber, den Du jemals lesen wirst. Funktioniert sogar, selbst wenn Du wenig verdienst!

216 Seiten
ISBN 978-3-947061-84-6
Auch als eBook und Hörbuch erhältlich

Eine einzigartige Schritt-für-Schritt Anleitung zu finanzieller Freiheit und sicherem Vermögensaufbau durch passives Einkommen.

KLHE helper

Printed in Poland
by Amazon Fulfillment
Poland Sp. z o.o., Wrocław

75623970R00150